高校入試　KEY POINT

入試問題で効率よく鍛える

一問一答

中学

理科

監修　佐川大三　スタディサプリ講師

KADOKAWA

は じ め に

　理科には大きく分けて「物理」「化学」「生物」「地学」の4分野があり，入試ではその4分野から均等に出題されるという形式がスタンダードでした。しかし，近年，入学試験によっては「物理・化学の融合」や「生物と環境問題」のような融合形式の問題も出題されることが増えています。

　前述のようなタイプの問題をクリアしていくためには，4分野のうち「苦手意識の強い分野」をつくらないことが大切になってきます。「苦手意識の強い分野が1つあっても他の3分野で補えばよい」という考えは総合点を大きく下げてしまう恐れがあるからです。

　本書を監修するにあたり，注意を払った点は大きく3つあります。

①全国の公立高校の入試問題全体での4分野における，出題傾向の高いものを徹底的に調べ上げて，順にピックアップしている。
②各単元における出題パターンを可能な限り，網羅できるようにして細かい小問に分けて，苦手単元の克服に役立ててもらう。
③解説ポイントにおいて，重要性の高い法則，暗記事項をできる限りコンパクトに凝縮させている。

　分野別の出題傾向の高い順に並んではいますが，人によって苦手意識の強い単元は異なってきますので，定期テストのような出題単元が決まっているようなテスト対策，出題範囲の決まっていない実力テスト対策，高校入試のどれにも役立てることが可能です。特にテスト直前期に効果を発揮する問題集だと思います。「理科はこの一冊を試験会場に持っていくぞ…！」というイメージでよいかと思います。

　さて，中学3年生は受験生として入試が控えていますが，最も効率のよい理科の勉強方法は，順に，「①苦手分野，単元の総ざらい→②総合テスト演習→③志望校別入試問題演習」の流れです。

一般に，最も時間がかかるのは，①の「苦手分野，単元の総ざらい」となります。自分がどこで失点しがちで，理解できいないか，正しく覚えていないかを把握するまでに時間がかかるからです。本書を一通り解いてみることで，どこが理解できていないか，理解しているつもりでいたのに理解できていなかった，などの発見ができると思います。

　さらに，苦手単元，分野の克服後に総合力を確かめるために②の「総合テスト演習」をすることをお勧めします。「本当に苦手単元の克服ができているのかの確認」と「制限時間内に全問解く練習をする」ことも重要だからです。

　そして最後に，③の「入試問題演習」を行います。各自の志望する過去問題をしっかり解いていき，出題傾向を掴むことが大切です。特徴的な傾向の入試問題を出題する学校については特に直近6年分は完璧に仕上げておきましょう。

　次に，中学1年生，中学2年生，いわゆる受験生になるまでの理科の勉強方法についてです。何より大切なことは「学んだ単元について理解が不十分なままスルーしないこと」です。理科は，ある単元が他の単元にもつながりのある可能性が極めて高い教科です。1つの単元をスルーしてしまうと，その後学んだ単元も理解できなくなり，「理科が面白くなくなってくる→勉強しない」という恐ろしい流れになりかねないからです。1単元を丁寧に復習主義で学習しましょう。

　最後に，理科は4分野あると最初に述べましたが，深く追究すると，この4分野には密接なつながりがあり，奥が深い，とても楽しい教科です。本書を活用して理科という教科の学習について「受動的」ではなく「能動的」に取り組んでいただければと思います。みなさん頑張ってください。

監修　佐川大三

本書の特長と使い方

一問一答形式の暗記 × 演習で最短で実力がつく

スタディサプリ講師の監修のもと，高校入試で出やすい順，重要度の高い順に構成。
入試×重要順で学ぶから，すぐに力がつきます。

全国の公立高校入試から重要問題を厳選

全国の公立高校入試問題を中心に，定番問題から差がつきやすい問題まで，入試突破に必要な問題を掲載しています。入試問題をベースとしているので，暗記をしながら「解く力」も養うことができます。

入試での出やすさを示しています。

分野，テーマ，対象となるおもな学年を示しています。

解説 では，問題の解き方や補足を説明しています。

よくでる とあるものは，必ず解けるようにしましょう。

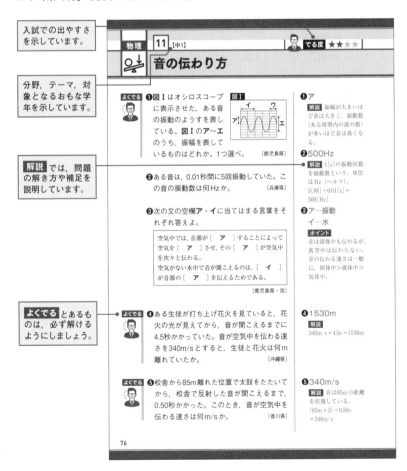

物理 **11** [中1] **でる度** ★★☆☆

音の伝わり方

よくでる ❶図Ⅰはオシロスコープに表示させた，ある音の振動のようすを表している。図Ⅰの**ア〜エ**のうち，振幅を表しているものはどれか。1つ選べ。〔鹿児島県〕

❷ある音は，0.01秒間に5回振動していた。この音の振動数は何Hzか。〔兵庫県〕

❸次の文の空欄**ア・イ**に当てはまる言葉をそれぞれ答えよ。

空気中では，音源が［ **ア** ］することによって空気を［ **ア** ］させ，その［ **ア** ］が空気中を次々と伝わる。
空気がない水中で音が聞こえるのは，［ **イ** ］が音源の［ **ア** ］を伝えるためである。
〔鹿児島県・改〕

よくでる ❹ある生徒が打ち上げ花火を見ていると，花火の光が見えてから，音が聞こえるまでに4.5秒かかっていた。音が空気中を伝わる速さを340m/sとすると，生徒と花火は何m離れていたか。〔沖縄県〕

よくでる ❺校舎から85m離れた位置で太鼓をたたいてから，校舎で反射した音が聞こえるまで，0.50秒かかった。このとき，音が空気中を伝わる速さは何m/sか。〔香川県〕

❶ア
解説 振幅が大きいほど音は大きく，振動数（ある時間内の波の数）が多いほど音は高くなる。

❷500Hz
解説 1[s]の振動回数を振動数という。単位はHz（ヘルツ）。
5[回]÷0.01[s]＝500[Hz]

❸ア…振動
イ…水
ポイント
音は固体中でも伝わるが，真空中は伝わらない。音の伝わる速さは一般に，固体中＞液体中＞気体中。

❹1530m
解説
340m/s×4.5s＝1530m

❺340m/s
解説 音は85mの距離を往復している。
(85m×2)÷0.50s
＝340m/s

76

4

"入試で差がつくポイント"で新傾向問題にも対応

近年の公立高校入試では，解くのに思考力の必要な問題が増加しています。本書は，重要・頻出テーマをすばやくおさえつつ，新傾向問題への対策も可能なように構成しています。

差がつくは，合否の分かれ目になりやすい問題です。**よくでる**をおさえたら，この問題も確実にできるようになっておきましょう。

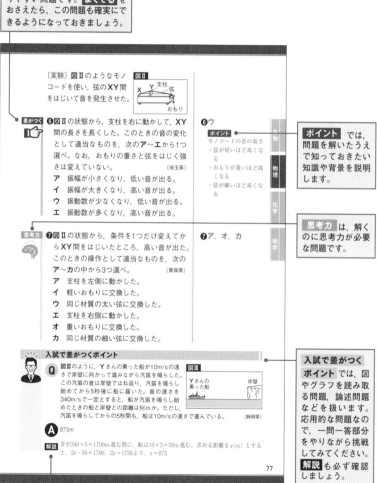

〔実験〕**図Ⅱ**のようなモノコードを使い，弦の**XY**間をはじいて音を発生させた。

差がつく 👈 ❻図Ⅱの状態から，支柱を右に動かして，**XY**間の長さを長くした。このときの音の変化として適当なものを，次の**ア〜エ**から1つ選べ。なお，おもりの重さと弦をはじく強さは変えていない。　　　〔埼玉県〕
ア　振幅が小さくなり，低い音が出る。
イ　振幅が大きくなり，高い音が出る。
ウ　振動数が少なくなり，低い音が出る。
エ　振動数が多くなり，高い音が出る。

❻ウ

ポイント
モノコードの音の高さ
・弦が短いほど高くなる
・おもりが重いほど高くなる
・弦が細いほど高くなる

ポイントでは，問題を解いたうえで知っておきたい知識や背景を説明します。

思考力 ❼図Ⅱの状態から，条件を1つだけ変えてから**XY**間をはじいたところ，高い音が出た。このときの操作として適当なものを，次の**ア〜カ**の中から3つ選べ。　　　〔青森県〕
ア　支柱を左側に動かした。
イ　軽いおもりに交換した。
ウ　同じ材質の太い弦に交換した。
エ　支柱を右側に動かした。
オ　重いおもりに交換した。
カ　同じ材質の細い弦に交換した。

❼ア，オ，カ

思考力は，解くのに思考力が必要な問題です。

入試で差がつくポイント

Q **図Ⅲ**のように，**Y**さんの乗った船が10m/sの速さで岸壁に向かって進みながら汽笛を鳴らした。この汽笛の音は岸壁ではね返り，汽笛を鳴らし始めてから5秒後に船に届いた。音の速さを340m/sで一定とすると，船が汽笛を鳴らし始めたときの船と岸壁との距離は何mか。ただし，汽笛を鳴らしてからの5秒間も，船は10m/sの速さで進んでいる。　　　〔静岡県〕

図Ⅲ
Yさんの乗った船　　　　　　岸壁

A 875m

解説 音が340×5＝1700m進む間に，船は10×5＝50m進む。求める距離を *x*(m) とすると，2*x*－50＝1700，2*x*＝1750より，*x*＝875

入試で差がつくポイントでは，図やグラフを読み取る問題，論述問題などを扱います。応用的な問題なので，一問一答部分をやりながら挑戦してみてください。**解説**も必ず確認しましょう。

77

5

目次

第1章 生物分野

第 **2** 章 物理分野

第 **3** 章 化学分野

第4章 地学分野

第 **1** 章

生物分野

種子植物の分類

❶図Ⅰのような形状をした葉脈の名称。　〔茨城県〕

図Ⅰ

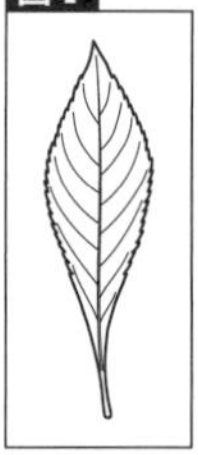

❷図Ⅰのような葉脈をもつ植物を,次の**ア～エ**から1つ選べ。　〔京都府・改〕

ア アブラナ　**イ** イネ
ウ ゼニゴケ　**エ** トウモロコシ

よくでる
❸葉脈が平行に並んでいる植物の,根のつくりの名称。　〔石川県・改〕

❹葉脈が平行に並んでいる植物の,子葉の枚数。　〔石川県・改〕

よくでる
❺図Ⅱの「根のつくり」「茎の維管束の並び方」「葉脈の通り方」のうち,双子葉類の特徴をあらわしたものを,それぞれ**A**,**B**から1つずつ選べ。　〔沖縄県・改〕

図Ⅱ

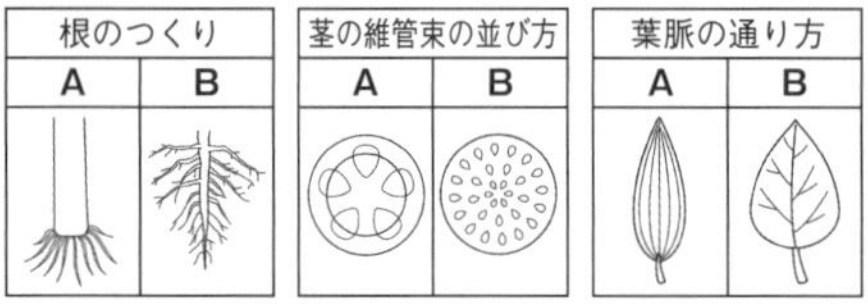

根のつくり		茎の維管束の並び方		葉脈の通り方	
A	B	A	B	A	B

❻葉脈が平行で,根がひげ根という特徴をもつなかまの名称。　〔青森県〕

❼種子植物のうち,子房の中に胚珠がある植物の名称。　〔北海道〕

❶網状脈

❷ア

解説 双子葉類の葉は網状脈。単子葉類の葉は平行脈。イネ,トウモロコシは単子葉類。ゼニゴケは胞子でふえる植物。

❸ひげ根

解説 双子葉類の根は主根と側根。単子葉類の根はひげ根。

❹1枚

❺根のつくり…B
茎の維管束…A
葉脈の通り方…B

解説 双子葉類の茎
→維管束が輪のように規則正しく並んでいる。
単子葉類の茎
→維管束が散らばっている。

❻単子葉類

❼被子植物

❽双子葉類のうち，花弁がくっついているなかまの名称。　〔熊本県〕

❾花弁のつき方により双子葉類を二つに分類したとき，エンドウと同じ分類になるものを，次の**ア～エ**から2つ選べ。　〔愛知県・改〕
ア　アブラナ　　**イ**　アサガオ
ウ　サクラ　　　**エ**　ツツジ

❿葉脈や根のようすがトウモロコシと同じものを，次の**ア～エ**から2つ選べ。　〔京都府〕
ア　イネ　　　　**イ**　ユリ
ウ　タンポポ　　**エ**　エンドウ

⓫根や茎，花のつくりをもとになかま分けするとき，タンポポと同じなかまに入る植物を，次の**ア～エ**から1つ選べ。　〔宮崎県〕
ア　ユリ　　　　**イ**　ツツジ
ウ　アブラナ　　**エ**　イヌワラビ

 よくでる ⓬図Ⅲが成り立つような⑤，⑥に当てはまる問いかけを，次の**ア～エ**の中からそれぞれ1つ選べ。　〔静岡県・改〕

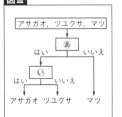

図Ⅲ

アサガオ，ツユクサ，マツ
↓
⑤
はい／　＼いいえ
⑥　　　　マツ
はい／＼いいえ
アサガオ　ツユクサ

ア　葉脈が網目状か。
イ　根・茎・葉の区別はあるか。
ウ　種子をつくるか。
エ　胚珠が子房に包まれているか。

---

❽合弁花類
　解説　ツツジ，アサガオ，タンポポなどがある。

❾ア，ウ
　解説　エンドウは離弁花類。
　離弁花類には，アブラナ，サクラ，エンドウなどがある。

❿ア，イ
　解説　トウモロコシは単子葉類。
　単子葉類には，イネ，トウモロコシ，ユリ，チューリップ，ツユクサなどがある。

⓫イ
　解説　タンポポは双子葉類の合弁花類。

⓬⑤…エ
　⑥…ア
　解説　マツは裸子植物，アサガオは双子葉類，ツユクサは単子葉類。
　裸子植物には，マツ，スギ，イチョウ，ソテツなどがある。

⓭ 図IVはイチョウの木になるギンナン，**図V**
はサクラの木に実るサクランボである。サ
クランボにはあってギンナンにはないつく
りの名称を答えなさい。　〔島根県〕

⓭**果実**

解説 裸子植物のイチ
ョウは，花に子房がな
いので果実ができない。

⓮ トウモロコシの茎を切って，赤インクをと
かした水にさし，そのまま翌日まで置いた。
このときの茎の断面を観察したようすを示
したものとして最も適当なものを，次の**ア**
〜エから1つ選べ。　〔宮城県・改〕

ア **イ** **ウ** **エ**

⓮**エ**

解説 赤インクに染ま
るのは道管。トウモロ
コシは単子葉類なので，
茎の維管束は散らばる
ように分布している。
道管→根から吸収した
水の通り道。師管→葉
で作った養分の通り道。
道管・師管をまとめた
ものを維管束という。

⓯ マツ，アブラナ，サクラは，花を咲かせて
なかまをふやす。このようななかまのふや
し方をする植物をまとめて何というか，答
えなさい。　〔鳥取県〕

⓯**種子植物**

入試で差がつくポイント

Q 被子植物と裸子植物のちがいを，「胚珠」と「子房」という語を用いて，それぞれ
の植物について説明しなさい。　〔茨城県〕

A 例：被子植物は胚珠が子房の中にあるが，裸子植物は子房がなく胚珠がむき出し
になっている。

解説 AとBのちがいを説明する場合，「Aは○○だが，Bは□□である」というように，
AとBで異なる部分について，それぞれの特徴を書くとよい。このとき，指定さ
れた語を必ず使うこと。

胞子でふえる植物の分類

❶ イヌワラビとゼニゴケに共通する特徴を，次のア～エから1つ選べ。　〔埼玉県〕

ア　維管束がない。
イ　根・茎・葉の区別がある。
ウ　胞子でふえる。
エ　雄株と雌株がある。

❶ウ

解説

	根・茎・葉の区別	維管束	雄株雌株
シダ植物	あり	あり	なし
コケ植物	なし	なし	あり

よくでる **❷** 図Ｉはイヌワラビのスケッチである。a～eを葉・茎・根に区分したものとして最も適切なものを，次のア～エから1つ選べ。

〔青森県〕

図Ｉ

ア　aは葉，b・cは茎，d・eは根
イ　aは葉，b・c・dは茎，eは根
ウ　a・bは葉，c・dは茎，eは根
エ　a・b・cは葉，dは茎，eは根

❷エ

解説　シダ植物の地上部分はすべて葉である。茎は地下茎 (d) で，根は地下茎からはえている。

よくでる **❸** 胞子でふえる植物を，それぞれの特徴で図Ⅱのように分けた。[Ｘ]，[Ｙ] に当てはまる適切な語句は何か。　〔静岡県〕

図Ⅱ

胞子でふえる植物	[Ｘ] 植物	胞子でふえる。維管束がない。葉，茎，根の区別がない。
	[Ｙ] 植物	胞子でふえる。維管束がある。葉，茎，根の区別がある。

❸Ｘ…コケ
Ｙ…シダ

解説　シダ植物は維管束（葉・茎・根の区別）があり，コケ植物にはない。

❹ 図Ⅲ（イヌワラビの葉の裏側にみられるつくり）の，A，Bの名称。　〔富山県〕

図Ⅲ

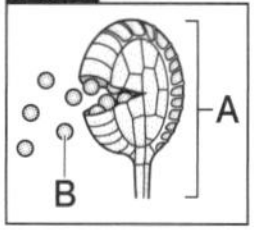

❹A…胞子のう
B…胞子

解説　胞子のうの中に胞子が含まれている。

種子植物・胞子でふえる植物の分類

よくでる **❶**図Ⅰは，7種類の植物を観点Ⅰ・Ⅱで分類した結果である。

図Ⅰ

サクラ イチョウ ユリ タンポポ	ゼニゴケ スギナ ゼンマイ

―― 観点Ⅰ　-----観点Ⅱ

観点Ⅰ・Ⅱとして最も適当なものを，次の**ア〜オ**から1つずつ選べ。　〔岡山県・改〕

ア 子房がある・ない
イ 光合成を行う・行わない
ウ 体全体で水を吸収する・しない
エ 子葉が1枚・2枚
オ 種子をつくる・つくらない

❷図Ⅱは植物のなかま分けを表したものである。図ⅡのA〜Eのうち，ホウセンカとイヌワラビに当てはまるものを，それぞれ1つずつ選べ。　〔茨城県〕

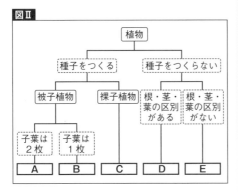

❶観点Ⅰ…**ウ**
　観点Ⅱ…**オ**

解説 コケ植物は維管束がないため，からだ全体から水を吸収する。

❷ホウセンカ…A
　イヌワラビ…D

解説 Aは双子葉類，Bは単子葉類，Cは裸子植物，Dはシダ植物，Eはコケ植物である。
※双子葉類はさらに合弁花類と離弁花類に分かれる。

❸図Ⅲの観点**X〜Z**に当てはまる観点を，**ア〜ウ**からそれぞれ1つずつ選べ。〔香川県・改〕

図Ⅲ

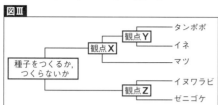

ア　胚珠が子房の中にあるか，むきだしか。
イ　維管束があるか，ないか。
ウ　葉脈が網目状か，平行か。

❸X…ア
　Y…ウ
　Z…イ

ポイント タンポポは
双子葉類
イネは単子葉類
マツは裸子植物
イヌワラビはシダ植物
ゼニゴケはコケ植物

❹植物の分類を表した次の表の，[**X**]，[**Y**]に入る適切な名称。〔富山県・改〕

植物の種類			植物の例
[**X**]	被子植物	単子葉類	ササ
		双子葉類	エンドウ
	[**Y**]		イチョウ
シダ植物			イヌワラビ
コケ植物			エゾスナゴケ

❹X…種子植物
　Y…裸子植物

❺次の文は，**ア〜オ**の5種類の植物を説明したものである。空欄**X〜Z**に当てはまるものを，**ア〜オ**から1つずつ選べ。〔神奈川県・改〕

5種類のうち2種類は花をつけず，そのうちの[**X**]には維管束があった。花をつける3種類を比べると，[**Y**]の花には子房がなかった。子房があった2種類のうち，[**Z**]の根はひげ根であった。

ア　ゼニゴケ　　イ　イヌワラビ
ウ　マツ　　　　エ　イネ
オ　アブラナ

❺X…イ
　Y…ウ
　Z…エ

生物

物理

化学

地学

15

❻ 図Ⅳは植物をなかま分けしたものである。A〜Fについて述べた文として正しいものを，**ア〜エ**から1つ選べ。〔沖縄県・改〕

図Ⅳ

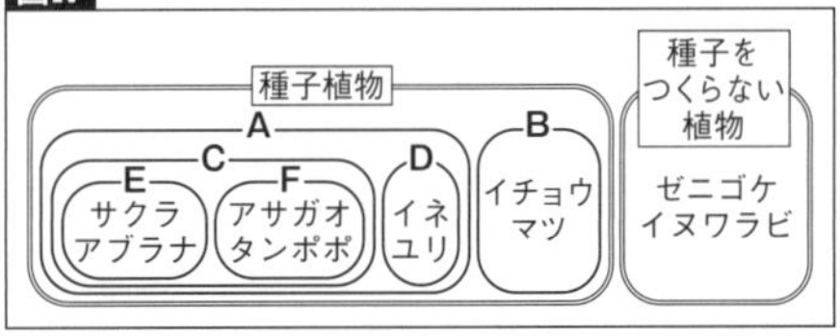

```
┌─────────────────────────────┬──────────┐
│           種子植物          │ 種子を   │
│ ┌──────────A──────────┬──B─┐│つくらない│
│ │ ┌────C────┐        │    ││ 植物     │
│ │ │ ┌E─┐┌F──┐│┌D─┐│イチ ││ゼニゴケ  │
│ │ │ │サク││アサ ││││イネ ││ョウ ││イヌワラビ│
│ │ │ │ラ  ││ガオ ││││ユリ ││マツ ││          │
│ │ │ │アブ││タン ││││    ││    ││          │
│ │ │ │ラナ││ポポ ││││    ││    ││          │
│ │ │ └──┘└──┘││└──┘│    ││          │
│ │ └──────────┘│    │    ││          │
│ └─────────────────┴────┘    ││          │
└─────────────────────────────┴──────────┘
```

ア Aの花は胚珠がむきだし

イ Cの根はひげ根

ウ Dの茎の維管束は輪のように並ぶ

エ Fの花は合弁花

❼ 次の**ア〜エ**から，種子植物をすべて選べ。〔群馬県・改〕

ア スギナ　　**イ** スギゴケ
ウ アサガオ　**エ** ソテツ

---

❻ エ

ポイント
A：被子植物
B：裸子植物
C：双子葉類
D：単子葉類
E：離弁花類
F：合弁花類

❼ ウ，エ

解説 スギナ，スギゴケは胞子でふえる植物である。

入試で差がつくポイント

Q エンドウ，イヌワラビ，スギゴケとゼニゴケを**図Ⅴ**のように2つの観点で分類した。観点①，②に当てはまる観点を，それぞれ簡潔に書きなさい。〔福島県・改〕

A 例：観点①：種子でふえるか，胞子でふえるか（花が咲くか，咲かないか）。
観点②：維管束があるか，ないか（根・茎・葉の区別があるか，ないか）。

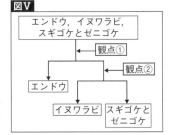

図Ⅴ
```
┌─────────────────────┐
│ エンドウ，イヌワラビ， │
│ スギゴケとゼニゴケ     │
└─────────────────────┘
          │←─ 観点①
      ┌───┴────┐←─ 観点②
  ┌───────┐  ┌────────┐
  │エンドウ│  │        │
  └───────┘  │        │
      ┌───────┴┬───────┐
  ┌────────┐ ┌────────┐
  │イヌワラビ│ │スギゴケと│
  └────────┘ │ゼニゴケ  │
              └────────┘
```

解説 エンドウは種子植物，イヌワラビはシダ植物，スギゴケとゼニゴケはコケ植物である。種子植物は花が咲き，花で受粉が起こると種子ができてなかまをふやす。一方，シダ植物とコケ植物は花が咲かず，胞子をつくってなかまをふやす。観点①では，「胚珠があるか，ないか」も答えの例となる。

顕微鏡の使い方

よくでる

❶次の文は，手に持って観察できるものをルーペを用いて観察するときの，ルーペの使い方を説明している。文中の**ア～エ**のうち，正しいものを1つずつ選べ。　〔三重県・改〕

> ルーペを(**ア** 目に近づけて　**イ** 目から離して)持ち，(**ウ** 顔　**エ** 観察するもの)を前後に動かして，よく見える位置を探す。

❷双眼実体顕微鏡（図Ⅰ）の使い方を述べた文**ア～エ**を，操作の順に並べ替えよ。

〔和歌山県・改〕

図Ⅰ

視度調節リング
鏡筒
粗動ねじ
微動ねじ
ステージ板
クリップ

ア　右目だけでのぞきながら，微動ねじでピントを合わせる。
イ　左目だけでのぞきながら，視度調節リングを左右に回してピントを合わせる。
ウ　両目の間隔に合うように鏡筒を調節し，左右の視野が重なるようにする。
エ　粗動ねじを緩め，鏡筒を上下させて両目でおよそのピントを合わせる。

差がつく

❸10倍の接眼レンズと40倍の対物レンズを用いたときの，顕微鏡の倍率。　〔奈良県〕

---

❶ア，エ

ポイント 観察するものが動かせないときはルーペを目に近づけて持ち，顔を動かす。

❷ウ→エ→ア→イ

解説 双眼実体顕微鏡のピント合わせは，両目→右目→左目の順。

ポイント 双眼実体顕微鏡は，見たいものを10～40倍の大きさで見るときに用いる。

❸400倍

解説 顕微鏡の倍率は，接眼レンズの倍率×対物レンズの倍率で求める（これは長さの倍率）。
※この場合，面積は$400 \times 400 = 160000$倍

生物
物理
化学
地学

❹図Ⅱのような顕微鏡で観察するときの操作として，次の**ア〜エ**を正しい手順に並べ替えよ。

図Ⅱ

〔佐賀県〕

ア プレパラートをステージにのせ，クリップで固定する。

イ 接眼レンズをのぞきながら反射鏡の角度を調節して，視野全体が一様に明るくなるようにする。

ウ 接眼レンズをのぞきながら調節ねじを回してピントを合わせる。

エ 横から見ながら対物レンズとプレパラートをできるだけ近づける。

❺次の文中の**ア〜エ**のうち，正しいものをそれぞれ1つずつ選べ。

〔宮城県・改〕

> 顕微鏡の倍率を高くすると，観察できる範囲は［**ア** 広く　**イ** せまく］なり，視野の明るさは［**ウ** 明るく　**エ** 暗く］なる。

❹**イ→ア→エ→ウ**

ポイント 顕微鏡の使い方
①水平で直射日光の当たらない明るいところに置く
②接眼→対物レンズの順にとりつけ
③反射鏡で視野の明るさ調整
④ステージにプレパラートを置く
⑤対物レンズをプレパラートに近づける
⑥対物レンズを遠ざけながらピント合わせ

❺**イ，エ**

入試で差がつくポイント

Q 問題❹の手順**エ**で，対物レンズとプレパラートを近づけるときは，対物レンズを横から見ながら行う。その理由を簡単に書きなさい。　〔静岡県〕

A 例：対物レンズとプレパラートがぶつかるのをさけるため。

解説 対物レンズとプレパラートがぶつかると，対物レンズに傷をつけてしまうことがある。また，プレパラートをこわしてしまう可能性もある。

遺伝

❶エンドウの種子の形のように、ある形質について、同時に現れない2つの形質どうしのことを何というか。　〔福井県〕

❷生殖細胞をつくるときの細胞分裂の名称。　〔三重県〕

よくでる ❸問題❷の分裂の時、対になっている遺伝子が別々の生殖細胞に入るという法則。〔香川県〕

●以下では、エンドウの種子を丸形にする遺伝子をA、しわ形にする遺伝子をaとする。必要なときは、Aやaを用いて答えなさい。なお、遺伝子Aは遺伝子aに対して顕性である。

❹丸形の種子をつくる純系のエンドウと、しわ形の種子をつくる純系のエンドウを交配してできた、丸形の種子の遺伝子の組み合わせ。　〔島根県・改〕

差がつく ❺問題❹の種子を育てて自家受粉させてできた種子のうち、しわ形の種子が1800個だったときの、丸形の種子の個数として最も適当なものを次の**ア〜エ**から選べ。〔三重県・改〕
　　ア　900個　　**イ**　1800個
　　ウ　3600個　　**エ**　5400個

差がつく ❻問題❺の種子のうち、遺伝子の組み合わせがAaであるものの個数として最も適当なものを、❺の**ア〜エ**から選べ。　〔三重県・改〕

---

❶**対立形質**
解説 エンドウの種子でいうと「黄色」と「緑色」の形質。「しわ」と「丸」の形質。

❷**減数分裂**
解説
親の細胞 → AA → Ⓐ Ⓐ 生殖細胞

❸**分離の法則**
解説 体細胞での染色体の本数を2n(本)とすると、生殖細胞の染色体の本数はn(本)となる。

❹**Aa**
解説
　　　　丸　　しわ
親　AA ┬ aa
子　　Aaのみ

❺**エ**
解説
親　Aa ┬ Aa
子　AA+Aa+Aa+aa
　　└─丸─┘ └しわ┘
　　　3 ： 1
1800個 ×3＝5400個

❻**ウ**
解説 AA：Aa：aa
＝1：2：1なので
1800個 ×2＝3600個

❼ ある丸形の種子を育てた個体どうしをかけ合わせたところ，得られた種子はすべて丸形であった。このような結果になる遺伝子の組み合わせを，次の**ア**～**カ**から2つ選べ。

〔香川県・改〕

ア AAとAA　　**イ** AaとAa
ウ aaとaa　　**エ** AAとAa
オ Aaとaa　　**カ** AAとaa

❼ ア，エ

解説
親（AA＋AA）
→子AAのみ
親（AA＋Aa）
→子AA＋Aa
　＝1：1

よくでる

❽ ある2種類のエンドウの個体を交配したところ，丸形の種子としわ形の種子がほぼ同数できた。交配した遺伝子の組み合わせとして正しいものを，次の**ア**～**オ**の中から1つ選べ。

〔岐阜県・改〕

ア AAとAA　　**イ** AAとAa
ウ aaとaa　　**エ** aaとAa
オ Aaとaa

❽ エ

解説 AAとaaの交配
→子はすべてAa
Aaとaaの交配
→Aa：aa＝1：1
ア：子はすべてAA
イ：子はAA：Aa
　　＝1：1
ウ：子はすべてaa
エ：子はAA：Aa：aa
　　＝1：2：1

差がつく

❾ 子葉が黄色である純系のエンドウの個体のめしべに，子葉が緑色の純系のエンドウの個体から得られた花粉を受粉させたところ，得られた種子の子葉はすべて黄色であった。エンドウの子葉を黄色にする遺伝子をY，緑色にする遺伝子をyとするとき，この種子を育てて得られた個体の生殖細胞がもつ遺伝子として適切なものを，次の**ア**～**エ**の中から1つ選べ。

〔東京都・改〕

ア 精細胞はYかy，卵細胞はすべてY
イ 精細胞はすべてY，卵細胞はYかy
ウ 精細胞も卵細胞もYかy
エ 精細胞も卵細胞もすべてY

❾ ウ

解説 得られた種子の遺伝子はYy。精細胞，卵細胞とも，Yyの減数分裂でできるので，Yかyをもつ。
胚珠で卵細胞，花粉で精細胞が作られる。

❿純系どうしを交配したとき，子に現れる形質。
〔静岡県・改〕

❿顕性（顕性形質）

⓫体色が黒色の純系のメダカと，体色が黄色の純系のメダカ（これらを1代目とする）を交配した。以下，同じ代の雌雄1匹ずつを交配させたところ，それぞれの代の形質は，次のようになった。なお，メダカの体色を黒色にする遺伝子をB，黄色にする遺伝子をbとする。

親（1代目）	黒色（BB）と黄色（bb）
子（2代目）	すべて黒色
孫（3代目）	黒色と黄色
…	…

ある代で，黒色のメダカと黄色のメダカが半数ずつ現れた。最も早い場合，これは，何代目のときか。
〔静岡県・改〕

⓫4代目

解説 黒色Bが顕性。黄色bが潜性。
1匹ずつ選んで交配している点に注意する。Bbとbbの交配が起こる場合があるのは，3代目。このとき，4代目でBb（黒）とbb（黄）が1：1の割合で現れる。

⓬ジャガイモのように，植物において体の一部から新しい個体をつくる無性生殖のことを何というか，答えなさい。
〔鳥取県〕

⓬栄養生殖

解説 サツマイモのたねいも・チューリップの球根も同様。

⓭問題⓬の無性生殖を行う植物を，次の**ア～エ**から1つ選べ。
〔茨城県〕
ア ゾウリムシ
イ ヒドラ
ウ セイロンベンケイ
エ ヒキガエル

⓭ウ

解説 ゾウリムシの分裂とヒドラの出芽は，ともに無性生殖。

無性
生殖 ┤ 栄養生殖
　　　└ 分裂・出芽など

⓮遺伝子の本体である物質の名称。〔高知県〕

⓮DNA（デオキシリボ核酸）

●ジャガイモのある対立形質について，顕性の形質を表す遺伝子をR，潜性の形質を表す遺伝子をrとする。必要なときは，Rやrを用いて答えなさい。

⑮Rの遺伝子をもつ純系の種イモを育てて得られた子イモの遺伝子の組み合わせ。
〔茨城県〕

⑮RR
解説 栄養生殖の子の遺伝子は親（種イモ）と同じもの。

⑯Rの遺伝子をもつ純系とrの遺伝子をもつ純系を交配して得られる子の遺伝子の組み合わせ。
〔茨城県〕

⑯Rr
解説
RR+rr→Rrのみ

⑰起源が同じで同一の遺伝子をもつ個体の集まりの名称。
〔福島県〕

⑰クローン

⑱イチゴ農家では一般に，親の体の一部を分けて，苗として育てている。このようにするのは，親と［　　　］形質のイチゴを育てることができるからである。〔栃木県・改〕

⑱同じ
解説 このふえ方は栄養生殖。
栄養生殖などの無性生殖では子が親と同じ遺伝子の組み合わせとなる。

入試で差がつくポイント

Q 自家受粉は単独の個体から新しい個体をつくることができる。また，無性生殖も単独の個体から新しい個体をつくることができる。無性生殖と比較して，自家受粉によってできた個体にはどのような特徴があるか，「遺伝子」という語を用いて説明しなさい。
〔島根県〕

A 例：親と子で遺伝子の組み合わせが異なる。

解説 自家受粉は有性生殖で，減数分裂によってつくられる生殖細胞どうしが受精し，それぞれの生殖細胞の核が合体することで新しい個体がうまれる。このため，子がもつ遺伝子の組み合わせは，両親のどちらとも異なったものとなる。

植物の光合成と呼吸

〔実験〕青色のBTB溶液を加えた水に息を吹き込み緑色にしてから試験管**A**〜**D**に入れ，**図Ⅰ**のようにした。

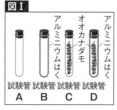

図Ⅰ

アルミニウムはく　試験管A
アルミニウムはく　試験管B
オオカナダモ　試験管C
アルミニウムはく　試験管D

　試験管**A**〜**D**に十分に光を当て，溶液の色の変化を調べたところ，次のようになった。

	A	B	C	D
溶液の色	緑	緑	青	黄

　Cでは，気泡がさかんに発生していた。

よくでる

❶試験管**A**，**B**を用意したのは，試験管**C**，**D**の溶液の色の変化が，**ア**〜**エ**のどれによることを確かめるためか。1つ選べ。　〔栃木県〕
ア　オオカナダモのはたらき
イ　吹き込んだ息
ウ　BTB溶液　　　**エ**　光

❷試験管**C・D**の結果について，空欄**ア**〜**エ**に当てはまる語をそれぞれ答えなさい。

> **C**で見られた気泡に多く含まれている気体は[　**ア**　]で，溶液中の[　**イ**　]が[　**ウ**　]したため，溶液が青色になった。
> 一方，**D**では，[　**イ**　]が[　**エ**　]したため，**C**とは異なる結果になった。

〔栃木県，福島県・改〕

よくでる

❸1つの条件以外を同じにして行う実験の名称。　〔新潟県〕

ポイント　実験では BTB溶液は，吹き込んだ息に含まれる二酸化炭素によって，アルカリ性から中性に調整されている。BTB溶液は，酸性で黄色，中性で緑色，アルカリ性で青色を示す。

生物
物理
化学
地学

❶ア
解説　**A**と**C**，**B**と**D**をそれぞれ比べる。

❷ア…酸素
イ…二酸化炭素
ウ…減少
エ…増加
解説　**C**ではオオカナダモの光合成＞呼吸
Dではオオカナダモの呼吸のみ

❸対照実験

〔実験〕2日間暗室に置いた鉢植えのアサガオの，葉の一部の両面をアルミニウムはくでおおい，アサガオを十分に日光に当てた（**図Ⅱ**）。

図Ⅱ

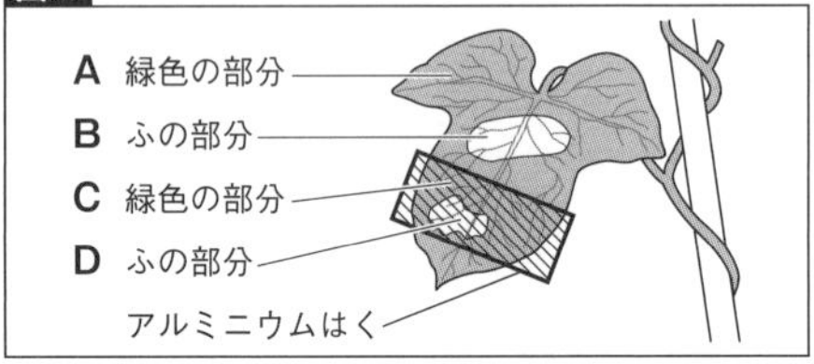

A 緑色の部分
B ふの部分
C 緑色の部分
D ふの部分
アルミニウムはく

この葉を茎から切り取り，<u>あたためたエタノールに入れて</u>から，ヨウ素液につけて色の変化を調べた。

よくでる ❹下線部の操作をするのはなぜか。

〔長崎県〕

❺ヨウ素液に反応する物質の名称。 〔高知県〕

❻植物が，おもに葉で光を受けて，問題❺の物質をつくり出すはたらき。 〔山口県〕

よくでる ❼問題❻のはたらきについて，次の**ア・イ**の内容を確かめるには，**図Ⅱ**の**A〜D**のうち，どの2つを比べればよいか，それぞれ選べ。

〔香川県・改〕

ア 葉の緑色の部分で行われること
イ 光が必要であること

ポイント 葉に含まれている養分をなくすために，長時間暗室に置く。

ポイント 引火するおそれがあるので，エタノールは直接加熱しない。
湯せんしたエタノールを扱う。

❹葉を脱色するため。
解説 葉は白色に，エタノールは緑色になる。

❺デンプン
解説 ヨウ素液の色はデンプンと反応して黄褐色→青紫色に変色する。

❻光合成
解説 CO_2＋水 $\xrightarrow[\text{葉緑体}]{\text{光}}$ O_2＋デンプン

❼ア…AとB
イ…AとC
解説 光合成は葉緑体で行われる。

入試で差がつくポイント

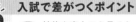

Q 植物を真上から見ると，葉が重なり合わないようについている。その理由を簡潔に書きなさい。 〔高知県〕

A 例：どの葉にも光が当たるようにするため。
例：葉にできるだけ多くの光が当たるようにするため。

解説 光合成を効率よく行うために，より多くの光が当たるような葉のつき方をしている。

消化と吸収

よくでる ❶唾液に含まれる消化酵素の名称。

〔岐阜県〕

❷問題❶の消化酵素が分解する物質。

〔石川県・改〕

❸胃液に含まれるペプシンが分解する物質。

〔新潟県・改〕

❹問題❸の物質が分解された結果，最終的にできる物質の名称。

〔佐賀県〕

❺問題❹の物質やデンプンが分解されてできるブドウ糖などが吸収される器官。

〔神奈川県・改〕

❻問題❺の器官の内部にはひだや柔毛がある。これにより内部の [　　　] が大きくなり，効率よく栄養分を吸収できる。　〔愛媛県・改〕

❼柔毛で吸収されたブドウ糖は，毛細血管とリンパ管のうち，どちらに入るか。

〔愛媛県〕

❽脂肪の消化を助ける胆汁がつくられる器官の名称。　〔沖縄県〕

---

❶アミラーゼ

解説 アミラーゼはだ液やすい液に含まれる。

❷デンプン
（炭水化物）

解説 アミラーゼにより，デンプン→麦芽糖などの糖になる。

❸タンパク質

解説 ペプシンにより，タンパク質→ペプトンになる。

❹アミノ酸

ポイント デンプン→麦芽糖などの糖→ブドウ糖
脂肪→脂肪酸＋モノグリセリド

❺小腸

❻表面積

❼毛細血管

解説 脂肪酸・モノグリセリドは柔毛に吸収された後，再び脂肪になり，リンパ管に入る。

❽肝臓

ポイント 胆汁は消化酵素を含まない。脂肪を血液となじみやすくする（乳化作用）。胆のうでたくわえられる。

生物
物理
化学
地学

25

〔実験〕4本の試験管 A ～ D のそれぞれにデンプン溶液 10cm³ を入れた。さらに、試験管 A, C には水で薄めただ液を2cm³, 試験管 B, D には水を2cm³ 入れ、それ

図I

約40℃の湯

ぞれよく混ぜてから、40℃の湯の中に10分間置いた（図I）。その後、試験管 A, B にはヨウ素液を入れた。試験管 C, D にはベネジクト液を入れて〔 X 〕した。表は、結果をまとめたものである。

	加えた溶液	結果
A	ヨウ素液	変化なし
B	ヨウ素液	青紫色に変化
C	ベネジクト液	赤褐色の沈殿
D	ベネジクト液	変化なし

❾空欄 X に当てはまる操作を答えなさい。

〔愛知県・改〕

よくでる

❿この実験の結果について、次の ア, イ の内容を確認するには、A ～ D のうち、どの2つを比べればよいか。それぞれ選べ。

〔岐阜県・改〕

ア だ液のはたらきでデンプンがなくなったこと

イ だ液のはたらきで糖が生じたこと

⓫上の実験で、40℃の湯のかわりに氷水を使った場合、試験管 A の結果はどうなるか。簡潔に答えなさい。 〔愛知県・改〕

ポイント 40℃の湯の中に入れるのは、体温に近い条件（だ液が最もはたらく温度）にするため。

ポイント 試験管の口は人のいない方に向ける。ベネジクト液のもとの色は青色であるが、糖を含む液体に入れて加熱すると赤褐色の沈殿ができる。

❾ （沸騰石を入れて）加熱

❿ ア…A と B
イ…C と D

⓫青紫色に変化

解説 消化酵素は体温付近でよくはたらく。低温でははたらきが弱まり高温すぎるとはたらきを失う。

〔実験〕セロハンの袋を2つ用意し，袋**a・b**とした。**a**にはデンプン溶液とだ液，**b**にはデンプン溶液と蒸留水を入れ，約40℃の蒸留水中に1時間入れた。その後，**図Ⅱ**のように，各部分の液体を試験管**a1～a4，b1～b4**にそれぞれとり，下の表のように，ヨウ素液・ベネジクト液に対する反応を調べた。

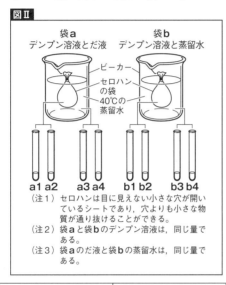

図Ⅱ

袋**a**
デンプン溶液とだ液

袋**b**
デンプン溶液と蒸留水

ビーカー
セロハンの袋
40℃の蒸留水

a1 a2　　a3 a4　　b1 b2　　b3 b4

（注1）セロハンは目に見えない小さな穴が開いているシートであり，穴よりも小さな物質が通り抜けることができる。
（注2）袋**a**と袋**b**のデンプン溶液は，同じ量である。
（注3）袋**a**のだ液と袋**b**の蒸留水は，同じ量である。

ヨウ素液の反応				ベネジクト液の反応			
a1	a3	b1	b3	a2	a4	b2	b4
×	×	○	×	○	○	×	×

⓬この実験の結果で，次の**ア～ウ**の内容を確認するには，**a1～a4，b1～b4**のうちどの2つをそれぞれ比べればよいか。〔群馬県〕

ア だ液によって糖ができたこと
イ デンプンがセロハンを通り抜けないこと
ウ 糖がセロハンを通り抜けること

⓬**ア**…a2とb2
　イ…b1とb3
　ウ…a2とa4

27

植物の蒸散作用

❶植物に吸い上げられた水が，おもに気孔を通して水蒸気となって出ていく現象。

〔京都府〕

❷葉の表面を顕微鏡で観察した**図Ⅰ**の**a**の名称。

〔岩手県〕

図Ⅰ

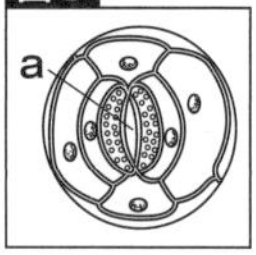

〔実験〕葉の枚数や大きさがほとんど等しい4本のアジサイの枝**a**〜**d**と4本の試験管を用意し，表のようにワセリンをぬり，それぞれ水の入った試験管に入れ，水面を油でおおった。それぞれの質量を測定した後，光が当たる風通しのよい場所に置き，3時間後の質量の減少量を調べた。

枝	処理	減少量
a	ワセリンをぬらない	4.5g
b	葉の表面にぬる	3.5g
c	葉の裏面にぬる	1.2g
d	葉の両面にぬる	0.2g

❸上の実験で，葉の裏側は表側よりも蒸散がさかんであることを確かめるとき，どれとどれを比べればよいか。最も適切な組み合わせを次の**ア**〜**エ**から1つ選べ。

〔香川県・改〕

ア aとc　**イ** aとd
ウ bとc　**エ** cとd

---

❶蒸散（作用）

❷気孔

　解説　気孔は
・気温が高い
・湿度が低い
・風通しがよい
ときによく開く。

❸**ウ**

　解説

	0.2g	1.0g	3.3g	
	茎	葉表	葉裏	
a	○	○	○	4.5g
b	○	×	○	3.5g
c	○	○	×	1.2g
d	○	×	×	0.2g

このように表にするとよい。

〔実験〕葉の枚数や大きさ，茎の長さや太さが
ほぼ等しいホウセンカの枝**A**〜**C**のすべての
葉に，表のような条件でワセリンをぬった。水
を入れた3本のメスシリンダーにそれぞれさ
し，水面に油を注いだ。その後，光の当たる
風通しのよい場所に置き，2時間後に水の減
少量を調べた。

枝	処理	減少量
A	表面にのみぬる	5.2mL
B	裏面にのみぬる	2.1mL
C	ワセリンをぬらない	6.9mL

❹葉にワセリンをぬるのは何のためか。

〔岐阜県〕

❹気孔をふさぐため。

よくでる ❺下線部のように水面に油を注いだのはなぜ
か。〔鹿児島県〕

❺水面からの水の蒸
発を防ぐため。

よくでる ❻表からわかることについて，次の文の**ア**，**イ**
に入る語をそれぞれ答えなさい。〔京都府・改〕

> 気孔の数は，葉の[　**ア**　]側よりも[　**イ**　]側に
> 多いと考えられる。

❻ア…表　イ…裏

解説

	0.4mL	1.7mL	4.8mL	
	茎	葉表	葉裏	
A	○	×	○	5.2mL
B	○	○	×	2.1mL
C	○	○	○	6.9mL

差がつく ❼実験で用いたホウセンカの枝の，葉の表側
と裏側からの蒸散量の合計は2時間で何mL
か。〔鹿児島県〕

❼6.5mL

解説 2時間の蒸散量
表…**C** − **A** = 1.7mL
裏…**C** − **B** = 4.8mL
1.7 + 4.8 = 6.5mL

入試で差がつくポイント

Q たかしさんは『**C**の水の減少量は，問題❼の解答と一致する』と考えていたが，実
験の結果から，この考えが適切ではないことがわかった。この考えが適切でない
理由を，「蒸散量」ということばを使って書きなさい。〔鹿児島県・改〕

A 例：**C**の水の減少量には，茎からの蒸散量が含まれているから。

解説 茎からの蒸散量は，**A** + **B** − **C** =0.4(mL)。問題❼は，これを利用して求めてもよい。

食物連鎖

●図Ⅰは，生態系における炭素の循環を模式的に示したものである。

図Ⅰ

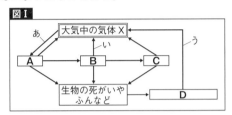

❶図の気体Xの化学式。　　　　　〔茨城県〕

❶CO₂

❷図の矢印あ〜うのはたらきは，それぞれ，呼吸・光合成のどちらか。　　〔茨城県・改〕

❷あ…光合成
い…呼吸
う…呼吸

❸A〜Cの生物の個体数の大小関係と，Dの名称の組み合わせとして正しいものを，次のア〜エから1つ選べ。　　　〔東京都〕

	生物量	Dの名称
ア	A＞B＞C	生産者
イ	A＞B＞C	分解者
ウ	C＞B＞A	生産者
エ	C＞B＞A	分解者

❸イ
解説 Aは緑色植物，Bは草食動物，Cは肉食動物。

```
  /C\
 / B \
/  A  \
```

生態系でのはたらきに注目すると，Aは生産者，BとCは消費者。DはA・B・Cの死がいなどを分解する分解者。

よくでる ❹何らかの原因で生物Bの数量が増えたとき，次の段階でA，Cの数量はどう変化するか。次のア〜エから1つ選べ。　〔三重県〕

	ア	イ	ウ	エ
A	増加	増加	減少	減少
C	増加	減少	増加	減少

❹ウ
ポイント この変化によってBの数量が減る。数量の変化はさらに続き，最終的に元の数量にもどり生物の個体数が保たれる。

血液循環

❶ヘモグロビンを含む血液の成分。　〔新潟県〕

❷血液の液体の成分。　〔埼玉県〕

 よくでる ❸次のア〜エのうち，問題❷の成分によって運ばれる栄養分をすべて選べ。　〔埼玉県〕
　ア　ブドウ糖　　イ　二酸化炭素
　ウ　酸素　　　　エ　アミノ酸

❹問題❷の成分の一部が毛細血管からしみ出したもので，細胞のまわりを満たしている液体の名称。　〔栃木県〕

●図Ⅰは，体の正面から見たヒトの心臓の模式図である。

図Ⅰ

❺Bの部屋の名称。　〔愛媛県〕

❻A〜Dのうち，動脈血が流れている部屋を2つ選べ。　〔島根県〕

❼次の空欄X，Yに図Ⅰのア〜エを1つずつ当てはめ，肺循環の経路を完成させなさい。　〔佐賀県・改〕

心室→ [　X　] →肺→ [　Y　] →心房

---

❶赤血球

❷血しょう

❸ア，エ
　解説　二酸化炭素はこの成分によって運ばれるが，栄養分ではなく不要物。

❹組織液

❺左心房

❻BとC
　解説　動脈血は酸素を多く含む血液。AとDは静脈血が流れている。

❼X…ウ
　Y…エ
　解説

肺循環
体循環

生物

物理

化学

地学

●図Ⅱはヒトの血液の循環の様子を模式的に表している。ただし，あ〜えは，肺，小腸，肝臓，じん臓のいずれかの器官を，A〜Kは血管を，矢印は血流の方向をそれぞれ表している。

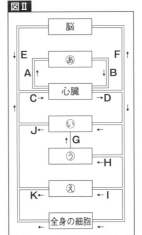

図Ⅱ

脳

E　あ　F
A　　　B
心臓
C→　　→D

い
J←　　←
↑G
う
←H

え
K←　　←I

全身の細胞
←

❽図Ⅱの血管A〜Dのうち，静脈血が流れているものをすべて選べ。

〔沖縄県〕

❾図Ⅱの血管G，H，I，Kのうち，食後に栄養分を含む割合が最も高い血液が流れているものを1つ選べ。

〔宮崎県〕

❿図Ⅱの血管A〜Kのうち，アンモニアが最も少ない血液が流れるものを1つ選べ。

〔東京都・改〕

❽A，C

解説 肺はあ。Aの肺動脈やCの大静脈には静脈血が流れる。

❾G

解説 小腸はう。肝臓はい。小腸と肝臓をつなぐ血管を肝門脈（門脈）という。

❿J

解説 有害なアンモニアはいの肝臓で害の少ない尿素に変えられ（解毒作用），えのじん臓でこしとられる。KにはCO₂以外の不要物が最も少ない血液が流れている。

⚡ **入試で差がつくポイント**

Q 成人の1分間の心臓のはく動数を，安静時に3回測定し，表にまとめた。心臓が体内の全血液を送り出すのにかかる時間はおよそ何秒か。ただし，成人の体内には血液が6000mLあり，1回のはく動によって心臓から75mLの血液が送り出されるものと仮定して求めなさい。

〔沖縄県〕

	1回目	2回目	3回目
	78回	83回	79回

A 60秒

解説 全血液量の6000mLを1回のはく動で送り出せる血液量の75mLで割ると，6000÷75＝80（回）のはく動が必要なことがわかる。1分間のはく動の平均回数は，(78＋83＋79)÷3＝80（回）なので，かかる時間は60秒になる。

細胞のつくりと細胞分裂

❶次の**ア〜ウ**のうち，植物の細胞にはみられ，動物の細胞にはみられないつくりを1つ選べ。　〔静岡県〕

ア 核　　**イ** 細胞壁　　**ウ** 細胞膜

❷からだがたくさんの細胞からできている生物の名称。　〔静岡県〕

❸問題❷の生物のからだのつくりについて，次の**ア・イ**にあてはまる語を，順に答えなさい。　〔宮城県・改〕

形やはたらきが同じ細胞が集まって[　**ア**　]をつくり，いくつかの[　**ア**　]が集まって，1つのまとまった形をもち，特定のはたらきをする[　**イ**　]となる。

❹タマネギの根を使って，細胞分裂の観察を行った。**図Ⅰ**の**a〜f**の細胞を細胞分裂の順に並べ，記号で答えなさい。ただし，**a**を最初とする。　〔富山県〕

図Ⅰ

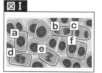

❺**図Ⅰ**の**d**の細胞の染色体数を*n*とすると，**e**の細胞の染色体数はいくつか。*n*を使って表しなさい。　〔群馬県・改〕

---

❶**イ**

解説 葉緑体，細胞壁は，植物の細胞に特徴的なつくり。
（発達した液胞は植物の細胞にだけ見られるつくり）

❷**多細胞生物**

ポイント 多細胞生物
↔単細胞生物

❸**ア…組織**
　イ…器官

解説 細胞→組織→器官→個体

❹**a→d→e→b**
　→c→f

❺***n***

解説 染色体は**a**の時期に複製される。
fでは1つの細胞に0.5*n*ずつ染色体が入っている。

生物　物理　化学　地学

〔実験〕**図Ⅱ**のように、1cmほどのびたタマネギの根に等間隔に●印をつけた。さらに2日後、この根を切り取り、A うすい塩酸の入った試験管に入れ、約60℃の湯で3分間あたためた。この根を水洗いしてから、●印の部分を切り取り、それらを別々のスライドガラスにのせ、柄つき針でほぐしてからB 染色した。次に、カバーガラスをかけてろ紙をかぶせて上から根を押しつぶしてプレパラートをつくり、顕微鏡で観察した。

ポイント 細胞分裂の観察に適するのは、**d** の付近（細胞分裂が活発なため、いろいろな時期が観察可能）。

ポイント 根を押しつぶすのは、細胞の重なりを少なくするためである。

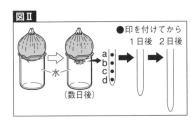

図Ⅱ

水

（数日後）

●印を付けてから
1日後　2日後

a
b
c
d

よくでる ❻下線部**A**のようにすると、細胞を観察しやすくなる。その理由を簡潔に書きなさい。

〔石川県〕

❻細胞どうしが離れやすくなるから。

❼下線部**B**の染色液として適切なものを、次の**ア**〜**エ**から1つ選べ。　〔宮城県〕

ア　ヨウ素液　　イ　ベネジクト液
ウ　酢酸オルセイン液（酢酸カーミン液）
エ　フェノールフタレイン溶液

❼**ウ**

解説 酢酸オルセイン液と酢酸カーミン液は核の染色液（核が赤く染まる）。
※酢酸ダーリア液も可
→核が青紫色に染まる。

入試で差がつくポイント

Q タマネギの根が成長するしくみを、「細胞分裂」、「細胞の数」という2つの語を使って書きなさい。
〔高知県・改〕

A タマネギの根は、先端に近い部分で細胞分裂が起こって細胞の数が増え、増えたそれぞれの細胞が大きくなることで成長する。

解説 生物には分裂組織とよばれる細胞分裂をさかんに行っている部分がある。植物の根では、先端の少し内側（**図Ⅱ**の**d**のあたり）に分裂組織（成長点）があり、ここで細胞分裂によって増えた細胞が、それぞれ大きくなることで伸びる。

刺激と反応

❶ヒトの神経系のうち，判断や命令などを行う脳やせきずいを何神経というか。

〔鹿児島県〕

❷皮ふのように，刺激を受け取る器官の名称。

〔群馬県〕

 よくでる ❸熱いなべに手がふれて思わず手を引っ込める反応において，刺激を受け取って反応するまでに信号が伝わる経路を，**図Ⅰ**の**A〜F**から必要なものをすべて選び，伝わる順に書きなさい。ただし，**A**は脳を表している。 〔鹿児島県〕

図Ⅰ

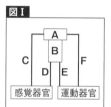

感覚器官　運動器官

❹問題❸で述べた反応のように，刺激に対して無意識に起こる反応の名称。 〔京都府・改〕

 差がつく ❺問題❹の反応は，意識して起こす反応に比べて，刺激を受けてから反応するまでの時間が短い。このことは，ヒトの体にどのように役立っていると考えられるか。

〔徳島県〕

❻暗いところから明るいところに移ると，ひとみの大きさはどう変化するか。

〔佐賀県・改〕

---

❶**中枢神経**

ポイント 運動神経や感覚神経はまとめて末しょう神経という。

❷**感覚器官**

解説 皮ふの他，目，耳，鼻，舌などがある。

❸**D，B，E**

解説 **B**はせきずいを表す。**C，D**が感覚神経。

❹**反射**

解説 反射は脳を経ず反応を起こす（反応が起こるまでの時間が短縮される）。

❺（例）危険から体を守る。

❻**小さくなる**

解説 暗いところでは虹彩が開く。明るいところでは虹彩が閉じる。

呼吸器官

❶肺が膨らむとき，ろっ骨と横隔膜はそれぞれどのように動くか。「上がる」「下がる」のどちらかで答えなさい。 〔長崎県・改〕

❷気管支の先にたくさんある小さな袋の名称。 〔福島県〕

 ❸気管支の先端は，問題❷のつくりがたくさんある。その理由を「表面積」という語句を用いて書きなさい。 〔新潟県〕

❹次の文の空欄ア・イにあてはまる語を，順に答えなさい。 〔長崎県〕

> 細胞は肺でとり入れられた酸素を使って，栄養分から[ア]をとり出す。このはたらきを細胞の[イ]という。

❺激しい運動によって心臓の拍動や呼吸が激しくなる理由を，問題❹のはたらきに注目して書きなさい。 〔青森県〕

 ❻ヒトの呼気に含まれる酸素と二酸化炭素の割合として適当なものを，次のア〜エから1つ選べ。 〔兵庫県・改〕
　ア 酸素11％，二酸化炭素26％
　イ 酸素26％，二酸化炭素11％
　ウ 酸素16％，二酸化炭素5％
　エ 酸素5％，二酸化炭素16％

---

❶ろっ骨…上がる
　横隔膜…下がる
　ポイント 肺には筋肉がないので，自ら動くことはできない。肺が縮むときはろっ骨は下がり，横隔膜は上がる。

❷肺胞
　解説 直径約0.1mm。

❸(例)表面積を大きくして，ガス交換の効率を高めるため。

❹ア…エネルギー
　イ…呼吸

❺(例)たくさんのエネルギーをとり出す必要があるために多くの酸素が必要になるから。

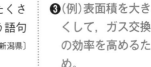 ❻ウ
　ポイント 吸う空気(吸気)は，窒素約78％，酸素約21％，アルゴン1％，二酸化炭素約0.04％
　吸う空気→「吸気」
　はく空気→「呼気」

植物のからだのつくり

❶図Ⅰは，ホウセンカの茎の断面のつくりである。葉でつくられた養分が通る管は**ア・イ**のどちらか。記号と名称を答えよ。

図Ⅰ

外側　中心側

ア　イ

〔山口県〕

❷図Ⅰの**ア**と**イ**が集まった部分の名称。

〔大阪府・改〕

❸図Ⅱは，ツバキの葉の断面のつくりである。管**X**の名称と，管**X**を通る物質を正しく組み合わせたものを次の**ア**～**エ**から1つ選べ。

図Ⅱ

X

〔福島県〕

	名称	通る物質
ア	道管	根から吸収した水
イ	道管	葉でつくられた養分
ウ	師管	根から吸収した水
エ	師管	葉でつくられた養分

よくでる

❹植物の根には根毛があり，水や養分を多く取り込むことができる。これは，根毛があることで土と接する［　　　　］が広くなるからである。　〔石川県・改〕

❺アブラナの花のつくりについて，「おしべ」「花弁」「めしべ」「がく」を花の中心から順に並べよ。　〔鹿児島県〕

---

❶記号…ア
　名称…師管

ポイント 道管は根から吸収した水や肥料の通り道。

❷維管束

❸ア

ポイント 管の太さ（太い方が道管），気孔の数，細胞の詰まり方などから，葉の表裏を見分けられる。
図Ⅱの上側が葉の表，下側が葉の裏である。

❹面積

ポイント 根毛には，根を土から抜けにくくするはたらきもある。

❺めしべ→おしべ
　→花弁→がく

生物

物理

化学

地学

受粉と結実・カエルの発生

❶アブラナの場合，受粉とは，おしべの [**ア**] でつくられて出た花粉が，めしべの [**イ**] につくことをいう。
〔徳島県・改〕

❷アブラナが受粉すると，子房は [**ア**] に，胚珠は [**イ**] になる。　〔徳島県〕

❸図Ⅰは，砂糖水の上に散布した花粉のようすである。このように，受粉すると花粉は [　] を伸ばす。　〔栃木県・改〕

❹図ⅠのXの名称。　〔香川県〕

❺図Ⅱは，カエルの受精卵がおたまじゃくしになるまでの過程の一部を表している。**ア**〜**オ**を，**ア**を1番目として成長していく順に並べなさい。　〔福岡県・改〕

図Ⅱ

❻図Ⅱで，受精卵が細胞分裂をはじめてから食物をとりはじめるまでの個体の名称。
〔青森県〕

❶ア…やく
イ…柱頭
　解説 アブラナは被子植物。裸子植物（マツ，スギ，イチョウ，ソテツなど）は胚珠に直接花粉がつく。

❷ア…果実
イ…種子

❸花粉管
　ポイント 砂糖水を使うのは，柱頭の状態に近づけるため。

❹精細胞
　解説 花粉管には精細胞が含まれ，胚珠には卵細胞が含まれる。

❺ア→エ→ウ→オ→イ
　ポイント 受精卵が細胞分裂をくり返し，親（成体）と同じ形態になる過程を発生という。

❻胚

セキツイ動物の分類・進化

❶背骨がある動物の名称。　〔富山県・改〕

●図Ⅰは気温とセキツイ動物の体温の関係を表していて，表はセキツイ動物の特徴をまとめたものである。

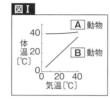

図Ⅰ

A 動物
B 動物

体温〔℃〕 0 20 40
気温〔℃〕 0 20 40

	ほ乳類	あ	い	う	魚類
体温調節	A	A	B	B	B
生活場所	陸上	陸上	陸上	水中 (子) 陸上 (親)	水中
呼吸器官	肺	肺	肺	えら (子) X (親)	えら

❷図Ⅰと表の空欄A，Bには同じ語が入る。それぞれ答えなさい。　〔和歌山県・改〕

❸表のあに当てはまるものを，次のア～ウから1つ選べ。　〔和歌山県・改〕
ア　ハチュウ類　　イ　両生類
ウ　鳥類

よくでる
❹カエルの成体は主な呼吸器官である表の[　X　]だけでなく，[　Y　]でも呼吸している。　〔富山県・改〕

❺殻がなく，透明な膜の中に玉のようなものが1つあるような卵をうむ動物の仲間を，次のア～オから2つ選べ　〔長野県〕
ア　魚類　イ　鳥類　　ウ　ハチュウ類
エ　ホニュウ類　　オ　両生類

---

❶セキツイ動物
解説 セキツイ動物↔無セキツイ動物

ポイント 体が体毛，羽毛でおおわれているホニュウ類，鳥類は恒温動物。

❷A…恒温
B…変温

❸ウ
解説 体温調節と生活場所に注目する。いはハチュウ類，うは両生類。

❹X…肺
Y…皮膚

❺ア，オ
解説 殻がない卵は，水中に産卵される（体外受精するため）。

❻セキツイ動物の分類で，コウモリは何類か。

〔富山県・改〕

❻ホニュウ類

よくでる ❼コウモリの翼やクジラの胸びれのように，はたらきは異なるが同じものから変化したと考えられる体の部分の名称。〔福岡県〕

❼相同器官

解説 現在のはたらきはそれぞれ異なる。

❽図Ⅱは，セキツイ動物の化石が発見される地質年代を表したものである。C，Dにあてはまるセキツイ動物のなかまを，それぞれ答えなさい。〔和歌山県・改〕

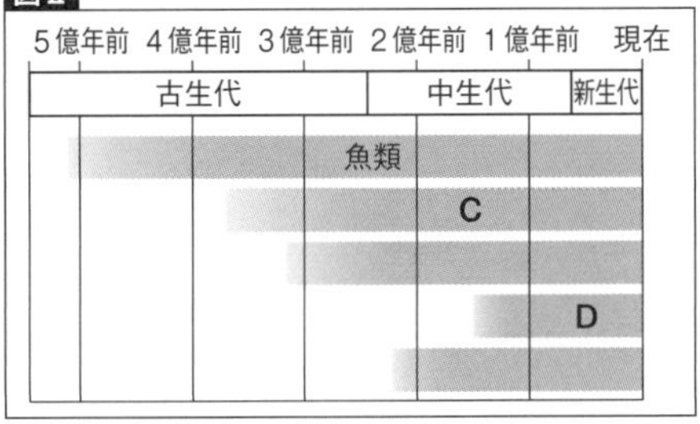

❽C…両生類
D…鳥類

解説 セキツイ動物は，魚類，両生類，ハチュウ類，（ホニュウ類，鳥類）の順に地球上に現れた。

図Ⅱ

5億年前 4億年前 3億年前 2億年前 1億年前　現在			
古生代		中生代	新生代
魚類			
		C	
			D

❾ア，イにあてはまる語を答えなさい。

〔福島県・改〕

❾ア…鳥
イ…ハチュウ

シソチョウは，羽毛やつばさがあるといった[　**ア**　]類の特徴と，つばさの中ほどにつめがあり，口には歯をもつなど，[　**イ**　]類の特徴を示していた。

入試で差がつくポイント

Q 水中から陸上へと生活場所を広げるため，セキツイ動物はさまざまなからだのしくみを変化させた。このうち，「移動のための器官」と「卵のつくり」について，ハチュウ類で一般的に見られる特徴を魚類と比較して，それぞれ簡潔に書きなさい。〔和歌山県〕

A 魚類はひれ，ハチュウ類はあしで移動する。
魚類の卵には殻がないが，ハチュウ類の卵には殻がある。

解説 魚類の胸びれと，は虫類の前あしは相同器官である。魚類は体外受精のため卵に殻がないが，ハチュウ類は体内受精で陸上に卵を生むため，卵に殻がある。

無セキツイ動物の分類

❶背骨をもたない動物を何というか。

〔鹿児島県〕

❶無セキツイ動物

よくでる ❷問題❶の動物のうち，カニ，カブトムシ，クモなど，からだやあしに節があるなかまをまとめて何動物というか。 〔高知県・改〕

❷節足動物

解説 ・外骨格がある
・あしに節がある
昆虫類，クモ類，多足類，甲殻類の4種類がこれらにあたる。

❸問題❷の動物のからだをおおっている，かたい殻の名称。 〔和歌山県〕

❸外骨格

よくでる ❹軟体動物の内臓を包んでいる，筋肉でできた膜の名称。 〔岡山県〕

❹外とう膜

解説 軟体動物には，タコ，イカ，カタツムリ，ナメクジ，二枚貝などがある。

❺次の**ア〜カ**を，**A**…軟体動物，**B**…問題❷の動物，**C**…それ以外に分類し，それぞれ2つずつ選べ。 〔和歌山県・改〕

ア アサリ **イ** ウニ **ウ** カニ
エ タコ **オ** ミジンコ **カ** ミミズ

❺A…ア，エ
B…ウ，オ
C…イ，カ

解説 ウニ，ヒトデはきょく皮動物。ミミズ，ヒル，ゴカイは環形動物。

❻昆虫類の胸部や腹部にある気門のはたらきとして適当なものを，次の**ア〜エ**から1つ選べ。 〔京都府・改〕

ア 空気の振動を受けとり，音を感じる。
イ においのもととなる物質を受けとる。
ウ 呼吸をするための空気をとり入れる。
エ 空気のあたたかさや冷たさを感じる。

❻ウ

解説 昆虫の「気門」は空気の出入り口で「気管」は呼吸器官である。

生物

物理

化学

地学

セキツイ動物・無セキツイ動物の分類

●図Ⅰは，以下の動物を，□□□で示した特徴をもとに，**A～G**というグループに分類したものである。ただし，トカゲは**A**は，ウサギは**D**のグループであることがわかっている。

【動物】イモリ，ハト，ザリガニ，メダカ，ウサギ，アサリ，トカゲ

図Ⅰ

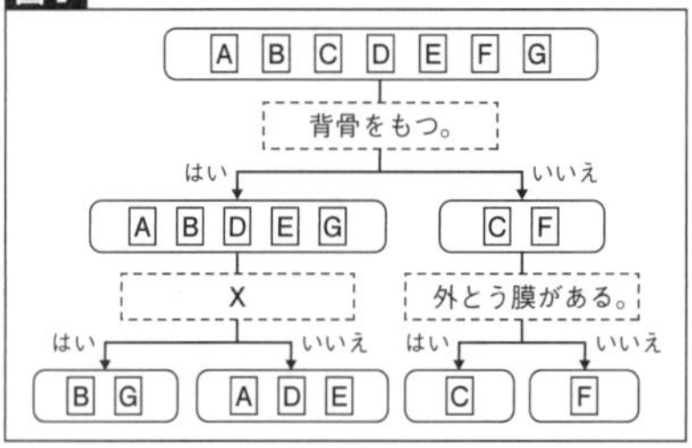

```
          A B C D E F G
              │
          背骨をもつ。
     はい ┌──┴──┐ いいえ
     A B D E G      C F
        │            │
        X         外とう膜がある。
  はい┌┴┐いいえ  はい┌┴┐いいえ
   B G   A D E    C     F
```

❶**C**に当てはまる動物は何か。上の【動物】から1つ選べ。　〔鹿児島県〕

❷**D**の動物の，なかまのふやし方の名称。　〔宮崎県〕

❸図Ⅰの**X**に当てはまるものを，次の**ア～エ**から1つ選べ。　〔鹿児島県〕
ア 恒温動物である　**イ** 変温動物である
ウ 陸上に卵をうむ　**エ** 水中に卵をうむ

❹図Ⅰの**B**と**G**を区別する条件として適当なものを，**ア～ウ**から1つ選べ。　〔三重県〕
ア 体表が羽毛でおおわれている
イ 一生えらで呼吸する
ウ 卵に殻がある

ポイント イカ，タコ，カタツムリ，二枚貝などの軟体動物には外とう膜がある。

ポイント ハチュウ類，ホニュウ類，鳥類は体内受精である。

❶アサリ

❷胎生
解説 親と似た姿の子を産む。

❸エ
解説 A（ハチュウ類），D（ホニュウ類）の，どちらにも当てはまらない特徴を選ぶ。

❹イ
解説 問題❸より，BとGは魚類と両生類。両生類の幼生はえらと皮膚呼吸であるが，成体は肺と皮膚呼吸である。

●バッタ，イカ，ザリガニ，トカゲ，ハト，クジラの6種類について，以下の問いに答えなさい。

 差がつく

❺図Ⅱは，イカのからだの中のつくりを示したものである。イカの呼吸器官を図Ⅱのア〜エから1つ選びなさい。また，イカと同じ呼吸器官をもつ動物を，イカ以外から1つ選べ。

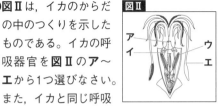

図Ⅱ
ア
イ
ウ
エ

〔茨城県〕

 よくでる

❻上の動物の中で，クジラだけがもつ特徴を，次のア〜エから1つ選べ。 〔茨城県・改〕

ア　体表がうろこでおおわれている。
イ　恒温動物である。
ウ　胎生である。
エ　親が子の世話をする。

❼図Ⅲは，ザリガニとイカを含む3つの生物を分類したものであり，ザリガニはA，イカはBとなった。図Ⅲのaとcに当てはまるものを，次のア〜エからそれぞれ1つずつ選べ。 〔愛知県・改〕

ア　外骨格がある　　イ　外とう膜がある
ウ　外骨格がない　　エ　外とう膜がない

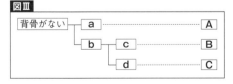

図Ⅲ
背骨がない ─ a ············· A
　　　　　└ b ─ c ········· B
　　　　　　　　└ d ····· C

❺記号…ウ
　動物…ザリガニ
　解説 イカ，ザリガニはともにえら呼吸である。

❻ウ
　解説 クジラはホニュウ類。イとエは鳥類のハトにも当てはまる。

❼a…ア
　c…イ

生物

物理

化学

地学

骨格と筋肉

❶骨につく筋肉の両端は，丈夫なつくりになっている。このつくりの名称。　〔佐賀県〕

❷図Ⅰの筋肉は，骨と骨のつなぎ目である［　　］をまたいで，別々の骨についている。

〔福島県・改〕

図Ⅰ

筋肉X
筋肉Y

よくでる ❸図Ⅰの状態からうでをのばすとき，図Ⅰの筋肉X，筋肉Yはそれぞれどうなるか。次のア〜エから1つ選べ。　〔鹿児島県〕

ア　筋肉Xも筋肉Yも縮む。
イ　筋肉Xも筋肉Yもゆるむ。
ウ　筋肉Xはゆるみ，筋肉Yは縮む。
エ　筋肉Xは縮み，筋肉Yはゆるむ。

差がつく ❹ニワトリの手羽先を用いて，図Ⅱのように Aの筋肉をピンセットで引っぱったところ，手羽先が矢印の向きに動いた。

図Ⅱ
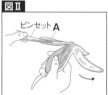
ピンセットA

これは，Aの筋肉をピンセットで引っぱる操作が，実際にAの筋肉が（ア　縮む　イ　ゆるむ）ときと同じ作用になるからである。　〔熊本県〕

❶けん

解説 骨と筋肉をつなぐ部分のことをけんという。

❷関節

解説 骨と骨のつなげ方は，①関節，②軟骨接合，③ほう合がある。

❸ウ

解説 筋肉は縮むときに力を出す。うでを曲げるとき，Xは縮み，Yはゆるむ。

❹ア

排出器官

よくでる ❶図Ⅰについて，次の文の空欄**X**，**Y**に当てはまるものを，あとの**ア**～**エ**から1つずつ選べ。　〔新潟県・改〕

図Ⅰ

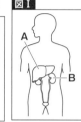

> アンモニアは，[　**X**　]で尿素などにつくりかえられる。その後，尿素は，[　**Y**　]に運ばれ，水などとともに血液からこし出されて，尿として体外に排出される。

ア　**A**の肝臓　　**イ**　**A**のじん臓
ウ　**B**の肝臓　　**エ**　**B**のじん臓

❷問題❶の**Y**に当てはまる臓器は，血液中の不要な物質をとり除いている。血液からとり除かれた不要な物質や水から尿がつくられ，[　**ア**　]を通り，一旦[　**イ**　]にためられたあと，体外に排出される。

〔佐賀県・改〕

❸血液が，肺，肝臓，じん臓を通過するときに，血液中から減少する主な物質の組み合わせを，次の**ア**～**エ**から1つ選べ。　〔石川県〕
ア　肺：酸素　肝臓：尿素
　　　じん臓：アンモニア
イ　肺：酸素　肝臓：アンモニア
　　　じん臓：尿素
ウ　肺：二酸化炭素　肝臓：尿素
　　　じん臓：アンモニア
エ　肺：二酸化炭素　肝臓：アンモニア
　　　じん臓：尿素

---

❶**X**…ア
　Y…エ

解説 肝臓のはたらき
①アンモニア→尿素にかえる
②胆汁をつくる
③ブドウ糖→グリコーゲンとしてたくわえるなど

❷ア…輸尿管
　イ…ぼうこう

解説 じん臓はにぎりこぶしくらいの大きさで，左右にある。

❸エ

解説 肺を通過すると，CO_2が減りO_2が増える。肝臓を通過すると，アンモニアが減る。じん臓を通過すると，尿素が減る。

生物

物理

化学

地学

環境問題

❶石油，石炭，天然ガスをまとめた呼び方。
〔和歌山県・改〕

❷地表から放出された熱を吸収し，一部を地表に向けて再放出するはたらきをもつ気体の名称。
〔群馬県〕

❸再生可能なエネルギー資源を，次の**ア〜オ**からすべて選べ。
〔長野県〕
ア 燃料電池 **イ** 石炭 **ウ** 地熱
エ 風力 **オ** 天然ガス

❹バイオマスを燃やしたときに発生する二酸化炭素の量は，植物が［　　　］によって吸収する二酸化炭素の量とほぼ等しいと考えられている。
〔長野県・改〕

❺もともとその地域に生息していなかったが，人間の活動によってほかの地域から持ちこまれて野生化し，子孫を残すようになった生物の名称。
〔鹿児島県〕

❻ナミウズムシは，どの水質の指標となる指標生物か。次の**ア〜エ**から1つ選べ。
〔大阪府〕
ア 大変汚れた水 **イ** 汚れた水
ウ 少し汚れた水 **エ** きれいな水

❶**化石燃料**
解説 化石燃料が燃えるとCO_2が発生する。

❷**温室効果ガス**
解説 地球温暖化の原因とされている。メタン，CO_2などがある。

❸**ウ，エ**

❹**光合成**
ポイント 輸送などで排出される二酸化炭素は含まれない。

❺**外来種**
（外来生物）
解説 セイタカアワダチソウ，ブラックバスなどがあげられる。

❻**エ**
ポイント きれいな水から順に，サワガニ，ゲンジボタル，ミズカマキリ，アメリカザリガニなど。

第 2 章

物理分野

物体の運動

❶物体が一直線上を一定の速さで動く運動の
　名称。　〔北海道〕

❷「物体に力がはたらいていないときや物体
　にはたらく力がつり合っているとき，静止
　している物体は静止し続け，運動している
　物体は問題❶の運動を続ける」という法則。
　〔長崎県〕

〔実験〕記録タイマーに通したテープを台車に
つけ，台車の運動を調べたところ，テープに
は図Ⅰのような打点が記録された。ただし，
記録タイマーは1秒間に60回打点する。

図Ⅰ
←── テープが台車に引かれた向き
P　　　　　　　　　　　Q
|←──── 5.0cm ────→|

❸打点Pが打たれてから打点Qが打たれるま
　での間の台車の運動のようすとして最も適
　当なものを，次のア〜エから1つ選べ。
　〔佐賀県〕

　ア　しだいに速くなった。
　イ　一定の速さであった。
　ウ　しだいに遅くなった。
　エ　途中まで速くなり，そのあと遅くなっ
　　　た。

よくでる
❹実験において，打点Pが打たれてから打点
　Qが打たれるまでの間の台車の平均の速さ
　は何cm/sか。　〔佐賀県〕

---

❶等速直線運動

❷慣性の法則

　ポイント「性質」を聞
　かれる場合もある。
　「性質」を聞かれた場
　合，「慣性」と答える。

　ポイント 平均の速さ＝
　ある時間に動く距離÷
　その時間

❸ア

　解説 台車が速いほど，
　打点の間隔が広くなる。
　1打点の間隔は$\frac{1}{60}$[s]
　で進んだ距離である。

❹50cm/s

　解説 PQ間は6打点分
　なので
　$\frac{1}{60}$[s]×6＝0.1[s]
　5.0 ÷ 0.1 ＝ 50
　[cm]　[s]　[cm/s]

⑤ 図Ⅱは，斜面を下る台車の運動のようすを記録した記録テープを，打点がはっきりわかる点を基準点として，0.1秒ごとに切って並べたものである。基準点が記録されてから0.2秒間の平均の速さを求めなさい。 〔高知県〕

図Ⅱ

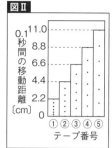

⑤ 33cm/s

解説 0.2秒間の移動距離は，テープ①と②の合計で
2.2 ＋ 4.4 ＝ 6.6
［cm］［cm］［cm］
求める平均の速さは
6.6 ÷ 0.2 ＝ 33
［cm］［s］［cm/s］

⑥ 問題⑤の運動について，テープ⑤の次の記録であるテープ⑥の長さは何cmと考えられるか。 〔沖縄県・改〕

⑥ 13.2cm

解説 0.1秒ごとに移動距離は2.2cmずつ長くなるので，11.0cm ＋ 2.2cm ＝ 13.2cm

⑦ 次のア～エは，横軸に時間，縦軸に速さまたは移動距離をとった物体の運動についてのグラフである。

ア 　　イ

ウ 　　エ

次のA～Cに当てはまるグラフを1つずつ選べ。

A 等速直線運動をしている物体の，時間と速さの関係 〔鹿児島県〕

B 等速直線運動をしている物体の，時間と移動距離の関係 〔鹿児島県〕

C 斜面を下る運動をしている物体の，時間と移動距離の関係 〔宮城県・改〕

⑦ A…イ
B…ア
C…エ

ポイント なめらかな斜面を下る物体の運動は一定の割合で速さは増加する。

思考力

❽図Ⅲ，Ⅳのような水平面に対する斜面の傾きの等しい2つのコースをつくり，A点に小球を置いて静かに手を離した。次のX，Yに当てはまるものをあとの**ア〜ウ**から1つずつ選べ。ただし，小球はコース面から離れず，なめらかに運動し，小球にはたらく摩擦や空気の抵抗は無視できるとする。

〔福井県・改〕

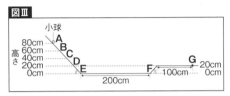

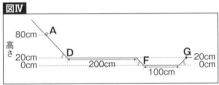

X Gにおける小球の速さが速いもの
Y 小球がGに到達するまでの時間が短いもの
ア 図Ⅲのコース　**イ** 図Ⅳのコース
ウ どちらも同じ

❾体積は等しく質量が異なる小球A，Bを，1mの高さから同時に自由落下させた。2つの小球の0.1秒ごとの移動距離が表のようになったとき，次のX，Yは，「等しい」「異なる」のどちらか。それぞれ選べ。〔東京都・改〕

時間(s)	0〜0.1	0.1〜0.2	0.2〜0.3
Aの移動距離(cm)	4.9	15.6	25.8
Bの移動距離(cm)	4.9	15.6	25.8

X AとBにはたらく重力の大きさ
Y AとBがそれぞれ床につく直前の速さ

❽**X**…ウ
Y…ア
解説
X…Aにおける高さとGにおける高さの差がどちらも80cm−20cm＝60cmで同じなので，Gでの速さはどちらも同じ。
Y…同じ高さを運動するときの小球の速さは同じになる。速さが速い区間の長い**図Ⅲ**の方が，短い時間でGに到達する。

❾**X**…異なる
Y…等しい
解説 物体の質量にかかわらず，同じ速さの変化で落下する。

〔実験〕水平な机の上に**図V**のような装置をつくり、台車から静かに手をはなすと、台車は車止めに向かってまっすぐ進み、<u>おもりが床についた後もそのまま進み続け、車止めに当たって止まった。</u>**図VI**は、このときの台車の運動を、1秒間に50回打点する記録タイマーを使って打点した記録テープを時間の経過順に5打点ごとに切り取って、左から順に台紙にはりつけたものである。

図V

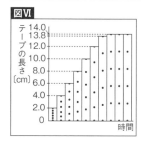

図VI

❿下線部のとき、台車にはたらく力（または合力）について説明したものとして適切なものを**ア〜エ**から1つ選べ。　〔奈良県・改〕

　ア　重力のみはたらく。

　イ　台車の運動と同じ向きの合力がはたらく。

　ウ　台車の運動と反対向きの合力がはたらく。

　エ　台車にはたらく力の合力は0である。

❿**エ**

思考力 ⓫上の実験において、おもりが地面についたのは、**図VI**の、左から何本目のテープが記録されたときか。　〔青森県・改〕

⓫7本目

運動とエネルギー

以下の問題で
- 100gの物体にはたらく重力の大きさを1Nとする。
- 小球と地面・レール等との間の摩擦や空気の抵抗等は，考えないものとする。

〔実験〕**図Ⅰ**のようなループコースターをつくった。レール上に点**A**から点**H**を決め，点**A**で静かに小球を離すと，レールにそって進み，最も高い点**I**に達した。点**B**，**F**，**G**を含む水平面を位置エネルギーの基準とする。また，点**C**，**E**の高さは円形にしたレールの最高点**D**の高さの半分である。

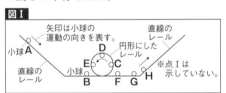

図Ⅰ

矢印は小球の運動の向きを表す。
小球**A**　直線のレール　円形にしたレール　直線のレール
E **D** **C** ※点Ⅰは示していない。
小球
B **F** **G** **H**

ポイント 力学的エネルギー＝位置エネルギー＋運動エネルギー
摩擦や空気の抵抗がない場合，力学的エネルギーは保存される。

❶点**I**の高さとして正しいものを，次の**ア**〜**エ**から1つ選べ。　〔茨城県〕
　ア 点**A**より高い　　**イ** 点**A**と同じ
　ウ 点**D**と点**A**の間　**エ** 点**D**と同じ

❶イ

よくでる ❷小球のもつ運動エネルギーが等しい点の組み合わせを，**ア**〜**エ**から1つ選べ。　〔茨城県〕
　ア 点**A**と点**C**　　**イ** 点**E**と点**F**
　ウ 点**B**と点**F**　　**エ** 点**A**と点**H**

❷ウ
解説 高さが等しい位置での運動エネルギーは等しくなる。

差がつく ❸点**A**で小球がもつ位置エネルギーが，点**C**で小球がもつ位置エネルギーの4倍だった場合，点**B**で小球がもつ運動エネルギーと点**C**で小球がもつ運動エネルギーの比を，最も簡単な整数の比で表せ。　〔宮城県・改〕

❸4：3
解説 小球がもつ位置エネルギーは，点**A**を4とすると，点**B**で0，点**C**で1となる。運動エネルギーの比は**B**：**C**＝4－0：4－1＝4：3

〔実験〕

図Ⅱのように，水平な台の上にスタンドでレールを固定

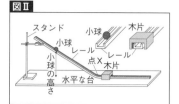
図Ⅱ
スタンド
小球
木片
小球
レール
レール
点X
小球の高さ
木片
水平な台

し，台の上に木片を置いた。

質量15.0gの小球**X**と質量30.0gの小球**Y**を，水平な台から高さ10cm，20cm，30cmの位置でそれぞれ静かに離して木片に衝突させ，木片が移動した距離を調べた。下の表はその結果をまとめたものである。ただし，レールの厚さは考えないものとし，小球のもつエネルギーは，衝突後，すべて木片を動かす仕事に変わるものとする。

小球の高さ[cm]		10	20	30
木片の移動距離[cm]	小球**X**	3	6	9
	小球**Y**	6	12	18

❹次の文の空欄**A**〜**C**に当てはまる語の組み合わせを，**ア**〜**エ**から1つ選べ。〔福島県・改〕

> 小球の高さが[　**A**　]ほど，小球の質量が[　**B**　]ほど，木片が動いた距離は[　**C**　]。

ア　A…低い　B…小さい　C…大きい
イ　A…低い　B…大きい　C…大きい
ウ　A…高い　B…大きい　C…大きい
エ　A…高い　B…小さい　C…大きい

❺次の**ア**〜**エ**を，木片が得た運動エネルギーの大きい順に並べ替えよ。　〔福島県・改〕

ア　小球**Y**を高さ10cmから静かに離したとき
イ　小球**X**を高さ30cmから静かに離したとき
ウ　小球**Y**を高さ20cmから静かに離したとき
エ　小球**X**を高さ10cmから静かに離したとき

ポイント 木片の移動距離は，小球がもっていた位置エネルギーに比例する。

ポイント 物体の位置エネルギー[J]＝物体にはたらく重力の大きさ[N]×物体の基準面からの高さ[m]

生物

物理

化学

地学

❹**ウ**

解説 位置エネルギーは，「物体の質量×物体の高さ」に比例する。

❺**ウ→イ→ア→エ**

解説 「物体の質量×物体の高さ」の値の大きなものから選ぶ。

❻図Ⅱの装置を用いて，小球**X**をある高さで離したところ，木片の移動距離が，小球**Y**を高さ25cmの位置から離したときと同じになった。このとき，小球**X**は高さ何cmの位置で離したか。〔オリジナル〕

よくでる ❼図Ⅱの装置を用いて，質量25gの小球**Z**を離して木片を8cm動かすためには，小球**Z**を高さ何cmの位置で離せばよいか。

〔石川県・改〕

●図Ⅱのレールから木片を取り除き，レールの右端を**図Ⅲ**のように変えた。小球**X**を高さ30cmの位置に置

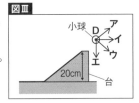

図Ⅲ

き，静かに手を離したところ，小球はレールの外に飛び出し，最高点**D**を通過した。

❽小球が点**D**の位置にあるとき，小球にはたらく力の向きを表した矢印として適切なものを，**図Ⅲ**の**ア**～**エ**から1つ選べ。

〔埼玉県〕

よくでる ❾次の文の空欄に当てはまる語句として適当なものを，**ア**～**エ**から1つ選べ。〔栃木県・改〕

> 点**D**の高さが30cmより低くなるのは，小球が点**D**で，[　　　]からである。

ア 運動エネルギーをもつ
イ 位置エネルギーをもつ
ウ 運動エネルギーをもたない
エ 位置エネルギーをもたない

❻**50cm**

解説
$15g × \square cm$
$= 30g × 25cm$
よって，$\square cm = 50cm$

❼**16cm**

解説 小球**Z**を高さ10cmの位置から離すと，高さ10cmの小球**X**の結果から，木片は
$3cm × \dfrac{25g}{15g} = 5cm$動く
ので，求める高さは
$10cm × \dfrac{8cm}{5cm} = 16cm$となる。

❽**エ**

解説 小球が点**D**の位置にあるとき，はたらく力は重力のみである。

❾**ア**

解説 小球が点**D**の位置にあるとき，小球は水平右向きに速さがある。

〔実験〕図Ⅳのように、砂を入れた質量500gの袋をおもりとして発電機につないで、豆電球を点灯させる装置をつくった。おもりを巻き上げた後、静かに落下させて発電させた。電流、電圧がある程度安定する位置を基準点として、そこから1m落下する間の電流、電圧、落下時間をそれぞれ記録した。表は、この実験を5回行った平均値を示している。

図Ⅳ

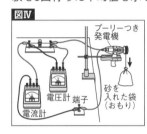

プーリーつき発電機

電圧計 端子

砂を入れた袋（おもり）

電流計

表	
電圧	0.25V
電流	0.2A
時間	8秒

❿おもりを1m持ち上げる仕事の大きさは何Jか。　〔沖縄県・改〕

⓫豆電球が消費した電力は〔 ア 〕W、電力量は〔 イ 〕Jである。　〔沖縄県・改〕

 差がつく ⓬発電機は、おもりが基準点から1m落下する間に重力がおもりにした仕事をもとにして、電気エネルギーをつくっている。発電の効率は何％か。　〔島根県・改〕

ポイント 物体にする仕事［J］＝物体にはたらく力の大きさ［N］×力の方向に動いた距離［m］

ポイント 電力［W］＝電圧［V］×電流［A］

生物
物理
化学
地学

❿5.0J
解説 $5N \times 1m = 5J$

⓫ア…0.05
　イ…0.4
解説 アは$0.25V \times 0.2A = 0.05W$、イは$0.05W \times 8[s] = 0.4J$

⓬8％
解説 $\dfrac{0.4J}{5.0J} \times 100 = 8\%$
発電の効率＝電気エネルギー÷重力がおもりにした仕事×100

 入試で差がつくポイント

Q 発電機がつくった電気エネルギーは、重力がおもりにした仕事より小さくなる。この理由について、エネルギーの移り変わりにふれて簡単に説明しなさい。〔島根県〕

A おもりのもっていた力学的エネルギーが、電気エネルギーだけでなく、熱や音などその他のエネルギーにも変換されるから。

オームの法則

❶電熱線を流れる電流は、電熱線にかかる電圧に比例するという法則。 〔岡山県〕

よくでる ❷3Ωの抵抗に6Vの電圧を加えたとき、抵抗に流れる電流の大きさ。 〔北海道・改〕

❸10Ωの抵抗に0.5Aの電流を流すとき、抵抗にかかる電圧の大きさ。 〔徳島県〕

❹ある電熱線に2Vの電圧をかけたとき、400mAの電流が流れたときの電熱線の抵抗の大きさ。 〔青森県・改〕

❺ある電熱線に4Vの電圧をかけたときの消費電力が4Wであるとき、電熱線の抵抗の大きさ。 〔富山県〕

よくでる ❻電流と電圧の関係が**図Ⅰ**のようになる電熱線の抵抗の大きさ。 〔神奈川県〕

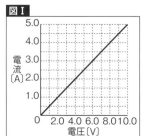

図Ⅰ

❼電熱線**a**と30Ωの電熱線**b**を直列につないだものに2.4Vの電圧をかけたとき、回路全体に50mAの電流が流れた。このときの、電熱線**a**の抵抗の大きさ。 〔新潟県〕

❽10Ωの電熱線**p**と20Ωの電熱線**q**を並列につないだ回路に6Vの電圧をかけたとき、回路全体に流れる電流の大きさ。 〔埼玉県・改〕

---

❶オームの法則

解説 電圧[V]
＝電流[A]×抵抗[Ω]

❷2A

解説 $6[V] \div 3[\Omega] = 2[A]$

❸5V

解説 $0.5[A] \times 10[\Omega] = 5[V]$

❹5Ω

解説 $400mA = 0.4A$
$2[V] \div 0.4[A] = 5[\Omega]$

❺4Ω

解説
電力＝電圧×電流
$4[W] \div 4[V] = 1[A]$
$4[V] \div 1[A] = 4[\Omega]$

❻2Ω

ポイント グラフの傾き（抵抗の逆数）が大きいほど、抵抗は小さい。
$10[V] \div 5[A] = 2[\Omega]$

❼18Ω

解説 回路全体の抵抗は、$2.4 \div 0.05 = 48\Omega$
aの抵抗$= 48[\Omega] - 30[\Omega] = 18[\Omega]$

❽0.9A

解説 **p**と**q**に流れる電流の和。**p**を流れる電流は$6[V] \div 10[\Omega] = 0.6[A]$ **q**を流れる電流は$6[V] \div 20[\Omega] = 0.3[A]$

❾ 2.5Ωの抵抗と1.5Ωの抵抗を直列につないだ回路全体に2.4Vの電圧をかけたとき，回路全体に流れる電流の大きさ。〔静岡県・改〕

❿ 300Ωの抵抗**X**と200Ωの抵抗**Y**を並列につないだ。このときの回路全体の抵抗は何Ωか。〔長崎県・改〕

⓫ 10Ωの抵抗**A**と25Ωの抵抗**B**を次の**ア〜カ**のようにつないで回路をつくり，一定の電圧をかけた。回路全体を流れる電流が最も大きくなるものを1つ選び，そのときの合成抵抗を求めよ。〔和歌山県・改〕

ア **A**2個を直列につなぐ

イ **A**2個を並列につなぐ

ウ **B**2個を直列につなぐ

エ **B**2個を並列につなぐ

オ **A**1個と**B**1個を直列につなぐ

カ **A**1個と**B**1個を並列につなぐ

よくでる **⓬** 次の文の**A**，**B**に当てはまるものを，下の**ア〜オ**から1つずつ選べ。〔香川県・改〕

> 電圧計は，電圧をはかろうとする抵抗に対して[　**A**　]につなぐ。また，電圧の大きさが予想できないときは，はじめに[　**B**　]の－端子につなぐようにする。

ア 直列　　**イ** 並列

ウ 300V　　**エ** 15V　　**オ** 5V

⓭ **図Ⅱ**の電流計が示す値は何mAか。〔茨城県〕

図Ⅱ

---

❾ 0.6A

ポイント

抵抗の直列接続：抵抗を流れる電流は一定
抵抗の並列接続：抵抗にかかる電圧は一定

解説 回路全体の抵抗は，$1.5 + 2.5 = 4.0[\Omega]$
よって，$2.4[V] \div 4.0[\Omega] = 0.6[A]$

❿ 120Ω

解説 求める抵抗をRとすると，

$$\frac{1}{300} + \frac{1}{200} = \frac{1}{R}$$

⓫ 記号…イ
合成抵抗…5Ω

ポイント

抵抗の直列の合成抵抗（全体の抵抗をRとする）

　$R = r_1 + r_2$
　r_1　r_2

抵抗の並列の合成抵抗

$$\frac{1}{R} = \frac{1}{r_1} + \frac{1}{r_2}$$

⓬ A…イ
B…ウ

ポイント 電流計は抵抗に直列につなぐ。電圧計は抵抗に並列につなぐ。
正しい回路図を選ぶ問題や，回路図を完成させる問題も頻出。

⓭ 140mA

〔実験〕電流と電圧の関係が，**図Ⅲ**のようになっている抵抗器**X**と抵抗器**Y**がある。抵抗器**X**の抵抗の大きさをR_X，抵抗器**Y**の抵抗の大きさをR_Yとする。

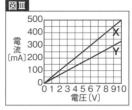
図Ⅲ

⓮ R_YはR_Xの何倍か。　　〔三重県・改〕

⓯ R_Xは何Ωか求めよ。

〔栃木県〕

⓰ 抵抗器**X**と抵抗器**Y**を直列につなぎ，回路全体に流れる電流を測定したところ，0.6Aだった。このとき，抵抗器**Y**にかかっている電圧は何Vか求めよ。　　〔栃木県〕

● 抵抗器**X**と抵抗器**Y**を並列につなぎ，電流を流した。回路全体に流れる電流をI，回路全体の抵抗をR，電源装置の電圧をE，抵抗器**X**，**Y**に流れる電流をそれぞれI_X，I_Y，抵抗器**X**，**Y**にかかる電圧をそれぞれE_X，E_Yとする。

⓱ この並列回路で成り立つ関係を，次の**ア**〜**エ**から1つ選べ。　　〔福島県・改〕

　ア $I > I_X + I_Y$

　イ $I < I_X$，$I < I_Y$

　ウ $R > R_X$，$R > R_Y$

　エ $E = E_X = E_Y$

⓲ $E = 3$Vのとき，Iの大きさは何mAか。

〔栃木県〕

⓮1.5倍

解説 $R_X = 10[\text{V}] \div 0.5[\text{A}] = 20[\Omega]$

$R_Y : 9[\text{V}] \div 0.3[\text{A}] = 30[\Omega]$

⓯20Ω

⓰18V

解説

$R_Y = 30\Omega$ なので，オームの法則より，

$30\Omega \times 0.6\text{A} = 18[\text{V}]$

⓱エ

解説

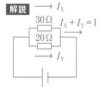

※抵抗の並列回路は抵抗にかかる電圧が一定

⓲250mA

解説 $\dfrac{1}{R} = \dfrac{1}{30} + \dfrac{1}{20}$

よって，$R = 12[\Omega]$

$I = 3[\text{V}] \div 12[\Omega] = 0.25[\text{A}] = 250\text{mA}$

〔実験〕太さが一定の金属線から，長さが15cm
の金属線**a**と30cmの金属線**b**を切り取った。
それぞれの金属線に0.9Vの電圧をかけて，電
流の大きさを調べたところ，表のようになっ
た。

金属線	**a**（15cm）	**b**（30cm）
電流（A）	0.2	0.1

この金属線**a**，**b**を図**Ⅳ**，図**Ⅴ**のようにつ
なぎ，**AB**間，**CD**間にそれぞれ1.8Vの電圧
をかけて，電流の大きさI_1〜I_4を測定した。

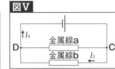

⑲金属線の抵抗は，金属線の長さに［　　］
する。

〔群馬県・改〕

 ⑳この金属線を使って，4.8Ωの抵抗を作るに
は，長さを何cmにすればよいか。〔福井県〕

㉑次の**ア**〜**ウ**に当てはまる等号または不等号
（＝，＜，＞）をそれぞれ答えよ。

〔群馬県〕

I_1［　**ア**　］I_2，I_2［　**イ**　］I_3，I_3［　**ウ**　］I_4

ポイント 同じ金属で
あれば抵抗の大きさは
$\dfrac{長さ}{断面積}$に比例

解説
aの抵抗：0.9V÷0.2A
＝4.5Ω
bの抵抗：0.9V÷0.1A
＝9Ω

生物
物理
化学
地学

⑲比例

⑳16cm

解説 15cmの長さで
4.5Ωなので，
$15\text{cm} \times \dfrac{4.8}{4.5} = 16\text{cm}$

㉑ア…＝
イ…＜
ウ…＜

入試で差がつくポイント

Q 上の金属線**a**，金属線**b**を切り取って余った，長さのわからない金属線に4.5Vの
電圧をかけたところ，電流の大きさはI_4と同じになった。この金属線の長さを求
めよ。 〔群馬県〕

A 25cm

解説 I_4＝0.6Aより，この金属線の抵抗は，4.5V÷0.6A＝7.5Ω　抵抗は長さに比例し，**b**
は長さ30cmで抵抗が9Ωなので，求める長さをxとおくと，30cm：x＝9Ω：7.5Ω
これを解いて，x＝25cm

電流と発熱

以下の問題で
- 水1gの温度を1℃上昇させるために必要な熱量は4.2Jとする。
- 「6V-6W」は，6Vの電圧をかけたとき，6Wの電力を消費することを示す。

❶抵抗器に3Vの電圧をかけたところ，60mAの電流が流れた。この抵抗器が消費する電力は何Wか。 〔新潟県〕

❷ある（同じ）電熱線にかける電圧を2倍にすると，消費される電力は何倍になるか。 〔長崎県〕

 よくでる ❸6V-8Wの電熱線に，6Vの電圧を5分間かけたとき，発生する熱量は何Jか。 〔群馬県〕

 よくでる ❹ 「100V-1400W」と表示されている電磁調理器に100Vの電圧をかけ，1日に2時間使用したとき，この電磁調理器が30日で消費する電力量は何kWhか。 〔奈良県〕

 差がつく ❺電気ポットに水1200gを入れて，2分間温めたところ，水温は24.0℃上昇していた。このときの消費電力は1200Wであった。電気ポットの変換効率を求めよ。ただし，変換効率は次式で求められるものとする。

$$\frac{\text{水温上昇に使われた熱量（J）}}{\text{電気ポットが消費した電力量（J）}} \times 100$$

〔兵庫県・改〕

ポイント
電力[W]＝電圧[V]×電流[A]
抵抗での発熱量[J]＝電力[W]×時間[s]

❶0.18W
解説 $3[V] \times 0.06[A]$
$= 0.18[W]$

❷4倍
解説 抵抗にかける電圧を2倍→抵抗を流れる電流も2倍。

❸2400J
解説 $8[W] \times 300[s]$
$= 2400[J]$

❹84kWh
解説
$1400[W] = 1.4[kW]$，
$1.4 \times 2 \times 30$
$[kW][h][日]$
$= 84[kWh]$

❺84%
解説 水温上昇に使われた熱量[J]は，
$4.2 \times 1200 \times 24$
$[J][g][℃]$
電気ポットが消費した電力量[J]は，
1200×120
$[W][s]$
約分すると計算しやすくなる。
よって変換効率は，
$$\frac{4.2 \times 1200 \times 24}{1200 \times 120} \times 100$$
$= 84\%$

❻家庭内の配線では，電気器具が並列につながれている。そのため，どの電気器具にも同じ [　] がかかる。　　〔福岡県・改〕

❼許容電流が15Aの延長コードに，100Vの電圧で電気器具を複数同時につないで，許容電流を超えずに

ドライヤー	1100W
テレビ	210W
こたつ	600W
掃除機	1200W
パソコン	100W

使用できる組み合わせを，**ア〜オ**からすべて選べ。ただし，使用する電気器具の消費電力は表のとおりとする。　　〔岡山県〕

ア　ドライヤー，こたつ
イ　掃除機，テレビ
ウ　テレビ，こたつ，パソコン
エ　ドライヤー，テレビ，掃除機
オ　パソコン，掃除機，こたつ

❽60Ωの抵抗器**X**と12Ωの抵抗器**Y**を使って，次の**図Ⅰ**，**図Ⅱ**の回路を作り，電圧計が3Vを示すように電源装置の電圧を調節した。このとき，最も消費電力が大きいものを，次の**ア〜エ**から1つ選べ。また，その消費電力を求めよ。　　〔新潟県・改〕

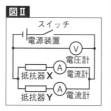

ア　図Ⅰの抵抗器**X**　　**イ**　図Ⅰの抵抗器**Y**
ウ　図Ⅱの抵抗器**X**　　**エ**　図Ⅱの抵抗器**Y**

❻電圧

ポイント ある器具のスイッチを切ったとき，他の器具が使えることも利点となる。

❼イ，ウ

解説 延長コードに流れる電流は，電気器具に流れる電流の大きさの合計。
電流＝電力÷電圧
ドライヤー：11A
テレビ：2.1A
こたつ：6A
掃除機：12A
パソコン：1A
の電流が流れる。

❽記号…**エ**
消費電力…
　　　　0.75W

解説 Ⅱの**Y**に流れる電流は，$3V \div 12\Omega = 0.25A$なので，$3[V] \times 0.25[A] = 0.75[W]$
直列回路では，抵抗の大きい方が消費電力は大きい。
並列回路では，抵抗の小さい方が消費電力は大きい。

ポイント 電熱線のかわりに豆電球を使った回路の場合，消費電力の大きい方が明るい。

〔実験〕発泡ポリスチレンのカップに水100gを入れ、**図Ⅲ**のような回路をつくり、6V-3Wの電熱線**a**に6Vの電圧を加え、カップの水を時々かき混ぜながら、1分ごとに水温を記録した。

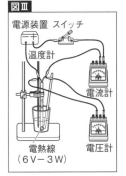

図Ⅲ

電源装置　スイッチ

温度計

電流計

電熱線
（6V-3W）

電圧計

ポイント 水温を均一にするために、水を時々かき混ぜる。

次に、電熱線**a**を6V-6Wの電熱線**b**にとりかえて、同じ測定を行った。表はその結果の一部である。

時間（分）		0	1	3	5
温度（℃）	a	16.9	17.3	18.1	18.9
	b	17.0	17.8	19.4	21.0

❾表より、1つの電熱線で比較した場合、水の上昇温度は、電流を流した時間に［　　　］することがわかる。

〔群馬県・改〕

❾比例

よくでる

❿電熱線**b**を用いて6Vの電圧を5分間かけたときについて、次の**ア**、**イ**に答えよ。

ア　電熱線から発生する熱量は何Jか。

〔岐阜県〕

イ　このとき水が得た熱量と、**ア**で求めた熱量の差は何Jか。

〔オリジナル〕

❿**ア**…1800J
イ…120J

ポイント

ア　$6[W] \times 300[s] = 1800J$
イ　水の得た熱量[J]
$= 4.2 \times 100 \times (21.0 - 17.0) = 1680[J]$
　　　[J]　[g]　[℃]

⓫図Ⅲの装置で、電熱線を、1Aの電流を流すと2Vの電圧がかかる電熱線**c**にとりかえて、1Aの電流を3分間流した。このとき、水の上昇温度は何℃になると考えられるか。

〔香川県・改〕

⓫0.8℃

解説 水の上昇温度は消費電力に比例する。cの消費電力は、2W。3Wの場合、3分間で1.2℃上昇するので

$$1.2℃ \times \frac{2W}{3W} = 0.8℃$$

62

〔実験〕電熱線**a**と電熱線**b**を図Ⅳのように直列につなぎ、それぞれの電熱線を水100gが入ったカップに入れ、電圧計が6Vを示すように電圧を加えた。

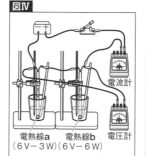

図Ⅳ

電流計
電圧計
電熱線**a** 電熱線**b**
（6V－3W）（6V－6W）

よくでる ⑫電圧をかけて5分後の水の上昇温度が大きいものはどれか。次の**ア**～**ウ**から1つ選べ。

〔岐阜県・改〕

ア 電熱線**a**を入れたカップの方が大きい
イ どちらも同じ
ウ 電熱線**b**を入れたカップの方が大きい

⑫**ア**

解説 直列回路なので、電流の大きさはどちらも同じ。よって、電圧が大きいほど消費電力（発熱量）は大きくなる。**a**にかかる電圧は4V、**b**にかかる電圧は2Vとなる。

思考力 ⑬水温が室温に戻るまで待ってから、電熱線**a**と電熱線**b**が並列になるようにつなぎ変えて、同じ操作を行った。5分後の水の上昇温度が大きいものはどれか。問題⑫の**ア**～**ウ**から1つ選べ。〔オリジナル〕

⑬**ウ**

解説 並列回路なので、電圧が等しくなる。**a**を流れる電流は0.5A、**b**を流れる電流は1Aである。

入試で差がつくポイント

Q 図Ⅴのように、電熱線**b**と電熱線**c**を直列につないだ後、17.0℃の水100gの入った1つのカップに入れ、電流計が1Aを示すように電源装置の電圧を調整して、6分間電流を流したときの水温は、何℃と考えられるか。

〔オリジナル〕

A 23.4℃

図Ⅴ

スイッチ
電源装置
温度計
電圧計 電流計
水
発泡ポリスチレンのカップ
電熱線**c**
電熱線**b**
発泡ポリスチレンの板

解説 電熱線**b**は6V÷1A＝6Ω、**c**は2V÷1A＝2Ωなので、全体の抵抗は8Ω。電流が1Aなので、電圧は8V、よって電力は8W。前ページの表より、電熱線**b**（6W）の3分後の上昇温度が2.4℃だから、求める上昇温度は、$2.4℃ × \dfrac{8}{6} × \dfrac{6}{3} = 6.4℃$。したがって、水温は17.0＋6.4＝23.4（℃）

生物

物理

化学

地学

力のつり合い，作用・反作用，力の合成と分解

❶次の文は，2つの力がつり合う条件をまとめたものである。空欄a，b，cに当てはまる適切な言葉を答えなさい。　〔宮崎県・改〕

> ・2つの力の大きさは[　**a**　]。
> ・2つの力の向きは[　**b**　]である。
> ・2つの力は[　**c**　]にある。

❷ロケットは高温のガスを下向きに噴射し，ガスから上向きの力を受けて上昇する。このとき，ロケットがガスを押す力とガスがロケットを押す力は [　　　] の関係にある。　〔茨城県・改〕

 ❸図Ⅰの矢印は，斜面上の台車にはたらく重力を表したものである。この重力を，ア斜面に平行な方向の力とイ斜面に垂直な方向の力に分解し，それぞれの力を矢印でかけ。　〔高知県〕

図Ⅰ

❹問題❸のイの力とつり合っている，斜面から物体にはたらく力の名称。　〔三重県〕

❺斜面の傾きを大きくすると，問題❹の力はどうなるか。次のア～ウから1つ選べ。
　〔和歌山県〕

　ア　大きくなる。　　**イ**　小さくなる。
　ウ　変わらない。

---

❶a…等しい
　b…反対向き（逆向き）
　c…一直線上

❷作用・反作用

❸

❹垂直抗力
　解説 なめらかな斜面上の物体には，重力と垂直抗力の2力がはたらいている。

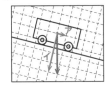
　垂直抗力
　重力

❺イ
　解説 斜面の傾きを大きくすると，斜面に平行な方向の力は大きくなり，斜面に垂直な方向の力は小さくなるので垂直抗力は小さくなる。

❻図Ⅱの二つの力のF_1とF_2合力の大きさは何Nか。ただし，図の方眼の1目盛りを0.1Nとする。

〔栃木県・改〕

図Ⅱ

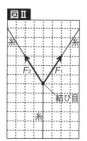

糸

結び目

糸

●物体**A**に糸1，2をとりつけ，糸1，2のそれぞれをつないだばねばかりを手で引いて持ち上げた。物体**A**を静止させて，ばねばかりの示す値を読みとった。このとき，角**x**，**y**の大きさは常に等しくなるようにした。**図Ⅲ**は，物体**A**にはたらく力を表したものであり，Fは重力とつり合う力を表している。Fを糸1，2の方向に分解した分力をF_1，F_2とする。

図Ⅲ

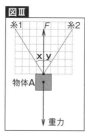

糸1　F　糸2

x y

物体A

重力

❼次の文の空欄**P**，**Q**に当てはまる語を，下の**ア**〜**ウ**から1つずつ選べ。　〔栃木県・改〕

> **図Ⅲ**の状態から，物体**A**を静止させたまま∠**x**，∠**y**を大きくしていったところ，F_1，F_2の大きさは[　**P**　]。また，Fの大きさは[　**Q**　]。

ア 大きくなった　　**イ** 小さくなった
ウ 変わらなかった

差がつく ❽図Ⅲで，F_1，F_2の大きさが$F_1=F_2=F$となるとき，∠**x**＋∠**y**の大きさを，0°から180°の範囲で求めなさい。　〔宮崎県・改〕

---

❻0.6N

ポイント
2力の合力の作図

f_2

f_1

f_1とf_2の合力

❼P…ア
Q…ウ

解説
・Pの解説

F_1 F_2
Aに
はたらく
重力

F_1 F_2
Aに
はたらく
重力

・Qの解説
Fの大きさは物体Aにはたらく重力の大きさに等しい

❽120°

解説

60° 60°
F_1 F_2

重力

図より∠x＋∠y＝120°
のとき，$F_1=F_2=F$

仕事と仕事率

以下の問題で
・100gのおもりにはたらく重力を1Nとする。

❶床に置いた物体を，25Nの力で押しながら力の向きに5m移動させるときの仕事の量は何Jか。　〔栃木県〕

❷質量30gの小球を一定の速さで，垂直方向に10cm持ち上げたとき，小球に加えた力がした仕事の量は何Jか。　〔石川県〕

❸質量30gの小球を，一定の速さで水平方向に20cm移動させたとき，小球を支える力がする仕事の量は何Jか。　〔佐賀県〕

❹質量150gの物体を，一定の速さで1.6m持ち上げるのに2秒かかった。このときの仕事率は何Wか。　〔東京都・改〕

❺「異なる道具を使っても，仕事の大きさは変わらない」という原理の名称。〔宮城県・改〕

 よくでる

❻5kgの物体を，山のふもとのA地点から450m高い位置にある山頂近くのB地点に運ぶ。徒歩で運ぶと50分，ケーブルカーを使うと5分かかる。このとき，仕事の大きさおよび仕事率の関係として正しいもの，次のア・イから1つずつ選べ。　〔東京都・改〕
ア　ケーブルカーを使う方が10倍大きい
イ　等しい

---

❶125J

ポイント
仕事[J] = 物体にはたらく力の大きさ[N] × 力の方向に動いた距離[m]
仕事率[W] = 仕事[J] ÷ 仕事をするのに要する時間[s]
解説 25N × 5m = 125J

❷0.03J

解説
0.3N × 0.1m = 0.03J

❸0J

解説 小球は，小球を支える力の向きに移動していない。

$$0.3N \quad\quad 0.3N$$
$$\uparrow \xrightarrow{} \uparrow$$
$$20cm$$

❹1.2W

解説 1.5N × 1.6m ÷ 2s = 1.2W

❺仕事の原理

❻仕事の大きさ…イ
仕事率…ア
解説 仕事の大きさはどちらも 50N × 450m = 22500J
徒歩の場合の仕事率は 22500J ÷ 3000s = 7.5W
ケーブルカーの場合は 22500J ÷ 300s = 75W

〔実験〕質量400gのおもり，ばねばかり，動滑車を用いて，次の実験1，2を行った。ただし，ばねばかりと動滑車の重さ，ひもと滑車にはたらく摩擦力は考えないものとする。

〔実験1〕…**図Ⅰ**のように，矢印の向きに手でひもに力を加え，おもりを3cm/秒の速さで15cmゆっくりと引き上げた。

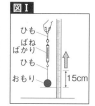

図Ⅰ
ひも
ばねばかり
ひも
おもり
15cm

〔実験2〕…**図Ⅱ**のように，動滑車を1つ用いて矢印の向きに手でひもに力を加え，おもりを3cm/秒の速さで15cmゆっくりと引き上げた。

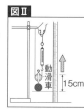

図Ⅱ
動滑車
15cm

❼実験1で，手がひもにした仕事の量は何J か。　　　　　　　　　　　　　〔三重県〕

❽実験2は実験1と比べると，手でひもを引く力の大きさは [**X**] 倍に，ひもを引く長さは [**Y**] 倍になる。　〔富山県〕

❾問題❽より，実験2で手がひもにした仕事の量は，実験1の仕事の量と比べてどうなるか。次の**ア～ウ**から1つ選べ。〔三重県〕
　ア　実験1より大きい。
　イ　実験1より小さい。
　ウ　実験1と変わらない。

差がつく ❿実験2で，手がひもにした仕事率は何Wか。　　　　　　　　　　　　　〔三重県〕

---

❼**0.6J**
　解説
　$4N \times 0.15m = 0.6J$

❽**X…0.5($\frac{1}{2}$)**
　Y…2

　解説　手でひもを引く力は$0.4N \div 2 = 0.2N$
ひもを引く長さを□mとすると，仕事の原理より，

0.2N　0.2N
0.4N

$0.2N \times \square\ m = 0.4N \times 0.15m$　よって，□m = 0.3m→30cmとなる。

❾**ウ**

❿**0.12W**
　解説
　$0.6[J] \div 5[s] = 0.12[W]$

水圧と浮力

以下の問題で
・質量100gの物体にはたらく重力の大きさを1N
　とする。
・糸やばねの質量・体積は無視する。

❶ 水中にある物体が受ける、上下の水圧の差
によって生じる上向きの力の名称。〔石川県〕

❶浮力

❷ 次の文の空欄に当てはまる語を、それぞれ
ア~エから1つずつ選べ。 〔青森県・改〕

水圧は、水中にある物体の(**ア** あらゆる向きの面
イ 上下の面だけ)に対して垂直にはたらき、水の
深さが深いほど水圧は(**ウ** 大きい **エ** 小さい)。

❷ア、ウ

〔実験〕図Ⅰの
ように、物体
Xをばねばか
りにつるし、**a**
~**d**の位置に
おけるばねばかりの値を測定した。また、材質
の異なる物体**Y**、**Z**についても同様の測定を行
った。表は、その結果をまとめたものである。

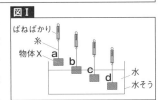

図Ⅰ
ばねばかり
糸
物体X a
b
c
d
水
水そう

ポイント

物体にはたらく浮力の
大きさは、物体の液中
の体積に比例する。

物体の位置		a	b	c	d
ばねばかりの値(**N**)	**X**	0.50	0.40	0.30	0.30
	Y	0.40	0.30	0.20	0.20
	Z	0.50	0.45	0.40	0.40

 ❸ 物体**X**が**d**の位置にあるときの浮力の大き
さは何**N**か。 〔神奈川県〕

❸0.20N

解説 0.50N − 0.30N =
0.20N

 ❹ 物体**X**~**Z**のうち、密度が最も大きいもの
はどれか。 〔神奈川県・改〕

❹Z

解説 物体**X**~**Z**がそ
れぞれ水に完全につか
ったとき、かかる浮力は
順に0.20N, 0.20N, 0.10N
であるので、**X**~**Z**の体
積比は2:2:1となる。
X~**Z**の質量比は5:4:
5であるので、密度の比
は $\frac{5}{2} : \frac{4}{2} : \frac{5}{1} = 5:4:$
10

〔実験〕20gのおもり
を1つつるすと1cm
のびるばねに80gの
立方体の物体Pをつ
るし, 物体Pの下面
が水面に接した状態

図II

| | | | | | | |
|ば 5.0| | | | | | |

ばねののび〔cm〕
0 1.02.03.04.05.0
水面から物体Pの下面までの距離〔cm〕

からゆっくり物体Pを水に沈めながら, ばね
ののびを記録した。図IIはその結果である。

よくでる ❺水面から物体Pの下面までの距離が1.0cm
のとき, 物体Pにはたらく浮力の大きさは
何Nか。 〔福岡県〕

❻浮力の大きさは, 物体の水に沈んでいる部
分の [   ] に比例する。 〔岩手県・改〕

❼上の実験と同じ操作を, 水を食塩水に変え
て行ったところ, 水面から物体Pの下面ま
での距離が4.0cmのとき, ばねののびは
2.2cmであった。これについて, 次の文の
空欄に当てはまる語の組み合わせを, 下の
ア〜エから1つ選べ。 〔宮崎県・改〕

物体Pを沈めた長さが同じときには, [a]中
の方が浮力が大きくなることがわかる。よって,
物体が同じ体積だけ液中にあるとき液体の密度
が[b]液体の方が, 浮力は大きくなる。

	ア	イ	ウ	エ
a	水	食塩水	水	食塩水
b	大きい	大きい	小さい	小さい

❽物体が水に浮かぶのは, 物体にはたらく
[   ] と [   ] の大きさが等しいと
きである。 〔島根県・改〕

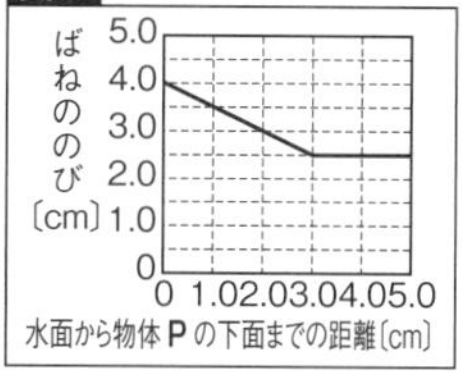

ポイント グラフの形
を問う問題も頻出。
物体の重さ [N]
=ばねばかりの値 [N]
+浮力 [N]

❺0.1N

解説 このときばねは
3.5cmのびているので,
ばねにはたらく力は
0.7Nとなる。物体Pに
はたらく浮力は0.8N −
0.7N = 0.1N

❻体積

解説 浮力は物体がお
しのけた液体の重さと
なる。

❼イ

解説 ばねののびで,
水の場合は4cm − 2.5
cm = 1.5cm分が浮力
の大きさ, 食塩水の場
合 は 4cm − 2.2cm =
1.8cm分が浮力の大き
さとなる。

❽重力, 浮力
(順不同)

69

電流と磁界

以下の問題で
• 特に指定がない限り，地球による磁界の影響は考えない。

●コイルに電流を流したところ磁界ができた。**図Ⅰ**はコイルの内部をふくむ平面の磁界のようすを，磁力線を用いて模式的に表したものである。ただし，点**A～E**は磁力線と同じ平面にある。

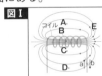

ポイント 磁力線は磁石のN極から出てS極に入る。方位磁針のN極は磁力線と同じ向きを指す。

よくでる ❶図Ⅰの点**A**，**B**に小さな方位磁針をおいたとき，方位磁針のN極が指す向きとして最も適当なものを，**図Ⅱ**の**ア～エ**から1つずつ選べ。 〔佐賀県〕

❶A…イ　B…エ

❷図Ⅰの点**A～E**のうち，磁力が最も強い点を1つ選べ。 〔佐賀県〕

❷B

解説 磁力線が密なところほど，磁力が強い。

❸コイルを流れる電流の向きは，**a**，**b**のどちらか。1つ選べ。 〔佐賀県・改〕

❸b

❹図Ⅲのように，コイルの内側に方位磁針をおき，コイルに電流を流した。方位磁針のN極が指す方向を，

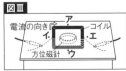

図Ⅲの**ア～エ**から1つ選べ。ただし，**ア～エ**は方位磁針と同じ平面上にある。〔岩手県〕

❹ア

〔実験〕**図Ⅳ**のように
U字形磁石の中に入
れたコイルに電流を
流すことができる装
置をつくり，コイル

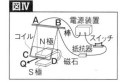

図Ⅳ

に電流を流したところ，コイルは矢印**Q**の向
きに動き，やや傾いた状態で静止した。

⑤ コイルが磁界から受ける力を大きくするに
は，電源装置の電圧の値を [**ア**] する
ことや，抵抗器の抵抗の値を [**イ**] す
ることが考えられる。　　　　　〔福井県〕

⑥ 図Ⅳの装置で，回路に抵抗器を入れるのは，
[　] ようにするためである。〔徳島県・改〕

よくでる

⑦ 図Ⅳにおいて，磁石のN極とS極の間の磁
界の向きと，コイルの**CD**間の部分に流れ
る電流の向きの組み合わせとして正しいも
のを，次の**ア～エ**から1つ選べ。　〔大阪府〕

	磁界の向き	電流の向き
ア	上向き	**C**から**D**の向き
イ	上向き	**D**から**C**の向き
ウ	下向き	**C**から**D**の向き
エ	下向き	**D**から**C**の向き

⑧ 図Ⅳで，コイルの動く向きを逆向きにする
方法として適当なものを，次の**ア～エ**から
すべて選べ。　　　　　　　　〔福岡県・改〕
　ア 磁石を逆向きに置く。
　イ 抵抗器をもう1つ，直列につなぐ。
　ウ コイルの巻き数を増やす。
　エ 電源装置の＋と－をつなぎかえる。

ポイント 電流が磁界
から受ける力は，電流
の大きさ，磁界の大き
さが大きいほど大きく
なる。

ポイント 回路全体の
抵抗が小さいと大きな
電流が流れ，危険であ
る。

⑤ア…大きく
イ…小さく

**⑥大きな電流が流れ
ない**

⑦エ

解説 電流がつくる磁
界と磁石による磁界が
逆向きになる方向に，
コイルは動く。なお，
フレミングの左手の法
則を使うと早く解ける。

⑧ア，エ

電磁誘導

〔実験〕**図Ⅰ**のように，コイルに検流計をつなぎ，棒磁石のN極を下にしてコイルの上から中に入れたところ，検流計の針は左にふれた。

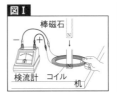

図Ⅰ
棒磁石
検流計　コイル　机

よくでる **❶** 図Ⅰのような装置で，コイル内を通過する磁界が変化して電圧が生じ，コイルに電流が流れる現象。　　　　　　〔青森県〕

❶ 電磁誘導

よくでる **❷** 問題❶の現象によって流れる電流の名称。　　　　　　　　　　　　　　〔愛媛県〕

❷ 誘導電流

---

❸ 次の**ア～エ**のうち，検流計の針が同じ向きにふれる操作を1つ選べ。　〔島根県・改〕
　ア　N極をコイルに入れたままにする。
　イ　N極をコイルの上側へ遠ざける。
　ウ　S極をコイルの上側から近づける。
　エ　S極をコイルの上側へ遠ざける。

❸ **エ**
解説 棒磁石のNを近づける（Sを遠ざける）とコイルの上部はNを，棒磁石のSを近づける（Nを遠ざける）とコイルの上部はSをつくるようにコイルに電流が流れる。

---

❹ 次の**ア～エ**のうち，コイルに流れる電流が大きくなるものをすべて選べ。　〔奈良県・改〕
　ア　より磁力の強い棒磁石に変える。
　イ　棒磁石のN極とS極を入れ替える。
　ウ　コイルの巻き数を2倍にする。
　エ　棒磁石をゆっくり動かす。

❹ **ア，ウ**
解説 誘導電流は次のような場合に大きくなる。
①コイルの巻き数を増やす
②磁石の磁力を強くする
③磁石を速く動かす

〔実験〕**図Ⅱ**のように，U字形磁石の中にコイルを配置してモーターをつくった。

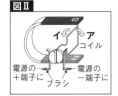

図Ⅱ

電源の＋端子に　電源の一端子に　ブラシ　イ　ア　コイル

❺コイルの回転方向は，**ア**，**イ**のどちらか。

〔高知県・改〕

❻整流子とブラシのはたらきとして最も適当なものを，次の**ア**〜**エ**から1つ選べ。

〔宮崎県〕

ア 半回転ごとに，コイルに電流が流れないようにする。

イ 半回転ごとに，コイルに流れる電流の向きを切り替える。

ウ 1回転ごとに，コイルに電流が流れないようにする。

エ 1回転ごとに，コイルに流れる電流の向きを切り替える。

❼**図Ⅱ**で，電源装置の代わりに検流計をつなぎ，コイルを指ではじいて回転させると，電流が流れた。これは，コイルが回転することで，コイル内部の〔　　　〕が変化したためである。

〔高知県・改〕

❽次の**ア**〜**エ**から，電磁誘導を利用した器具をすべて選べ。

〔長野県〕

ア 電磁調理器

イ 発光ダイオード

ウ 蛍光灯

エ 自転車のライト用の発電機

❺**ア**

解説 フレミングの左手の法則を使う。

❻**イ**

解説 このはたらきによって，コイルが回転しつづけることができる。

❼**磁界**

解説 コイルを通過する磁界が変化すると，電磁誘導によりコイルに電流が流れる。

❽**ア，エ**

光の進み方

❶図Ⅰで光源装置から出た光は, 鏡①と鏡②で反射して, **ア～エ**のどの点に届くか。1つ選べ。 〔岩手県〕

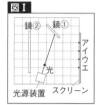

図Ⅰ

❶**ウ**

解説 鏡に当たった光は, 入射角＝反射角となるように反射する。

〈反射の法則〉

〔実験〕**図Ⅱ**のように, 容器の底にコインを置き, **X**の位置から見ながら容器に水を注ぐと, 水を注ぐ前には容器のふちに隠れて見えなかったコインが見えるようになった。実線の矢印は, **X**に届いた光の道筋を示している。

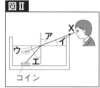

図Ⅱ

❷図Ⅱのように, 2つの物質の境界で光が曲がる現象。 〔徳島県〕

❷ (光の) 屈折

❸図Ⅱの**ア～エ**のうち, 屈折角はどれか。1つ選べ。 〔岡山県〕

❸**ア**

よくでる

❹図Ⅱでは, 入射角 [　] 屈折角となっている。[　] に入るものを, 次の**ア～ウ**から1つ選べ。 〔群馬県・改〕

ア ＜　　イ ＝　　ウ ＞

❹**ア**

解説

入射角 / 空気 / 水 / 屈折角

入射角 / 水 / 空気 / 屈折角

❺水中から空気中へ光を入射するとき, 入射角がある値より大きいと, 光が水中から出て行かなくなる現象。 〔徳島県〕

❺全反射

解説

空気 / 全反射 / 水

よくでる ❻透明なガラスででき
た底面が台形の四角
柱を置き，この四角
柱の高さよりも高い
円柱の棒を点**X**に立てて，点**A**の位置から
観察した（**図Ⅲ**）。このときの棒の見え方を
表した図として最も適当なものを，次の**ア**
〜**ウ**から1つ選べ。　〔和歌山県・改〕

図Ⅲ

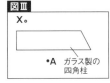

X。

•A　ガラス製の
四角柱

ア

イ

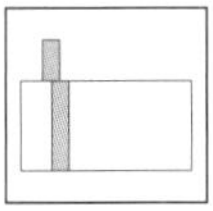

ウ

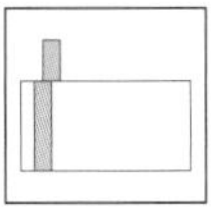

思考力 ❼図Ⅳのように，鏡
から2m離れた位
置に，身長162cm
の**Y**さん（目の高
さ150cm）が立っ
ている。このと
き，鏡に映っている**Y**さんの全身は，床か
らの高さが何cm以上何cm以下のところに
見えるか。　〔静岡県〕

図Ⅳ

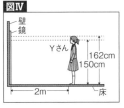

壁
鏡

Yさん

162cm
150cm

2m

床

❽次の**ア**〜**エ**のうち，光の屈折に関係するこ
とがらを1つ選べ。　〔三重県・改〕

ア　光ファイバーに光を通すと，光ファイ
バーが曲がっていても光が伝わる。

イ　カーブミラーを見ると，車が来ないか
を確認できる。

ウ　スポットライトを浴びた人を，どの客
席からでも見ることができる。

エ　水を満たしたプールの底に置いた物体
が，実際より浅い位置に見える。

---

❻**ウ**

解説 棒から出てガラ
スで屈折して**A**に届い
た光は，点**A**から見る
と，直進してきたよう
に見える。

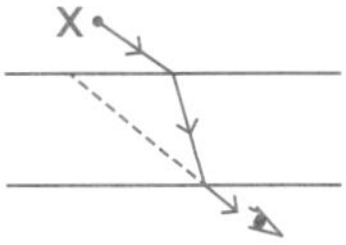

X

❼**75cm以上
156cm以下**

解説 鏡があるのは，
Yさんと**Y**さんの像の
ちょうど真ん中。

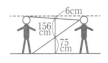

6cm

156
cm

75
cm

❽**エ**

解説 **ア**，**イ**，**ウ**は光
の反射に関係する。

音の伝わり方

よくでる ❶図Ⅰはオシロスコープに表示させた，ある音の振動のようすを表している。**図Ⅰ**の**ア〜エ**のうち，振幅を表しているものはどれか。1つ選べ。　〔鹿児島県〕

図Ⅰ

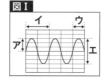

❷ある音は，0.01秒間に5回振動していた。この音の振動数は何Hzか。　〔兵庫県〕

❸次の文の空欄**ア・イ**に当てはまる言葉をそれぞれ答えよ。

> 空気中では，音源が〔　**ア**　〕することによって空気を〔　**ア**　〕させ，その〔　**ア**　〕が空気中を次々と伝わる。
> 空気がない水中で音が聞こえるのは，〔　**イ**　〕が音源の〔　**ア**　〕を伝えるためである。

〔鹿児島県・改〕

よくでる ❹ある生徒が打ち上げ花火を見ていると，花火の光が見えてから，音が聞こえるまでに4.5秒かかっていた。音が空気中を伝わる速さを340m/sとすると，生徒と花火は何m離れていたか。　〔沖縄県〕

よくでる ❺校舎から85m離れた位置で太鼓をたたいてから，校舎で反射した音が聞こえるまで，0.50秒かかった。このとき，音が空気中を伝わる速さは何m/sか。　〔香川県〕

---

❶**ア**

解説 振幅が大きいほど音は大きく，振動数（ある時間内の波の数）が多いほど音は高くなる。

❷**500Hz**

解説 1[s]の振動回数を振動数という。単位はHz（ヘルツ）。
5[回]÷0.01[s]＝500[Hz]

❸**ア…振動**
　イ…水

ポイント
音は固体中も伝わるが，真空中は伝わらない。音の伝わる速さは一般に，固体中＞液体中＞気体中。

❹**1530m**
解説
340m/s×4.5s＝1530m

❺**340m/s**

解説 音は85mの距離を往復している。
(85m×2)÷0.50s
＝340m/s

〔実験〕**図II**のようなモノ
コードを使い、弦の**XY**間
をはじいて音を発生させた。

図II

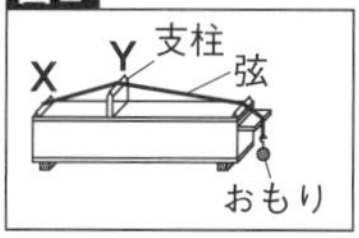

支柱
X Y 弦
おもり

差がつく ❻図IIの状態から、支柱を右に動かして、**XY**
間の長さを長くした。このときの音の変化
として適当なものを、次の**ア～エ**から1つ
選べ。なお、おもりの重さと弦をはじく強
さは変えていない。　　　　　　〔埼玉県〕

ア　振幅が小さくなり、低い音が出る。

イ　振幅が大きくなり、高い音が出る。

ウ　振動数が少なくなり、低い音が出る。

エ　振動数が多くなり、高い音が出る。

❻**ウ**

ポイント
モノコードの音の高さ
・弦が短いほど高くな
　る
・おもりが重いほど高
　くなる
・弦が細いほど高くな
　る

思考力 ❼図IIの状態から、条件を1つだけ変えてか
ら**XY**間をはじいたところ、高い音が出た。
このときの操作として適当なものを、次の
ア～カの中から3つ選べ。　　　　　〔青森県〕

ア　支柱を左側に動かした。

イ　軽いおもりに交換した。

ウ　同じ材質の太い弦に交換した。

エ　支柱を右側に動かした。

オ　重いおもりに交換した。

カ　同じ材質の細い弦に交換した。

❼**ア、オ、カ**

入試で差がつくポイント

Q 図IIIのように、**Y**さんの乗った船が10m/sの速
さで岸壁に向かって進みながら汽笛を鳴らした。
この汽笛の音は岸壁ではね返り、汽笛を鳴らし
始めてから5秒後に船に届いた。音の速さを
340m/sで一定とすると、船が汽笛を鳴らし始
めたときの船と岸壁との距離は何mか。ただし、
汽笛を鳴らしてからの5秒間も、船は10m/sの速さで進んでいる。　　〔静岡県〕

図III

Yさんの　　　　　　　　岸壁
乗った船

A 875m

解説 音が $340 \times 5 = 1700$ m進む間に、船は $10 \times 5 = 50$ m進む。求める距離を x (m) とすると、$2x - 50 = 1700$, $2x = 1750$ より、$x = 875$

力とばね

以下の問題で
・地球上で100gの物体にはたらく重力の大きさを1Nとする。

❶ ばねののびは，ばねにはたらく力の大きさに [**ア**] する。これを，[**イ**] の法則という。 〔茨城県〕

よくでる **❷** 1Nの力で引くと2cmのびるばねを2.4Nの力で引くと，何cmのびるか。 〔栃木県〕

❸ 200gのおもりをつるすと6.8cmのびるばねを手で引いたところ，ばねののびが12.0cmになった。ばねを引いた力の大きさとして最も近いものを，次の**ア〜ウ**から1つ選べ。 〔兵庫県・改〕

ア 3.0N　**イ** 3.5N　**ウ** 4.0N

よくでる **❹** 力がかかっていないときの長さが5.0cmのばねに20gのおもりを1個ずつつるしていき，ばねの長さを測定した。表は，その結果をまとめたものである。

おもりの個数	0	1	2	3	…
ばねの長さ（cm）	5.0	7.0	9.0	11.0	…

物体**A**をつるすと，ばねの長さは11.8cmになった。物体**A**の質量は何gか。〔埼玉県・改〕

❺ 重力の大きさが地球上の6分の1になる月面上で，質量300gのおもりをばねばかりにつるすと，ばねばかりの目盛りは何Nを示すか。 〔岡山県〕

❶ ア…比例
イ…フック

❷ 4.8cm

❸ イ

解説 2Nで6.8cmのびるので，

$2N × \dfrac{12.0}{6.8} = 3.52…N$

$≒ 3.5N$

❹ 68g

解説 ばねは，おもりが1個（20g）増えるごとに，2.0cmのびているので，

$20g × \dfrac{6.8cm}{2.0cm} = 68g$

❺ 0.5N

ポイント 上皿てんびんで測定すると300gとなる（上皿てんびんは物体の質量を測定するときに用いる）。

〔実験〕**図Ⅰ**のように，質量が20gのおもりを1個，2個，…と増やしながらつるしていき，ばねののびを測定した（測定①）。次に，**図Ⅱ**のように，おもりを水槽の水にすべて沈めて，ばねののびを測定した（測定②）。下の表は，その結果である。ただし，おもりはすべて形と大きさが同じである。

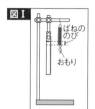
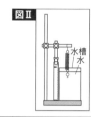

おもりの個数		0	1	3	5
ばねののび（cm）	測定①	0	1.0	3.0	5.0
	測定②	0	0.8	2.4	4.0

❻図Ⅰにおいて，1個のおもりがばねを引く力の大きさは何Nか。〔岐阜県〕

❼測定①について，おもりがばねを引く力の大きさと，ばねののびとの関係を，**図Ⅲ**にグラフで表しなさい。〔三重県〕

図Ⅲ

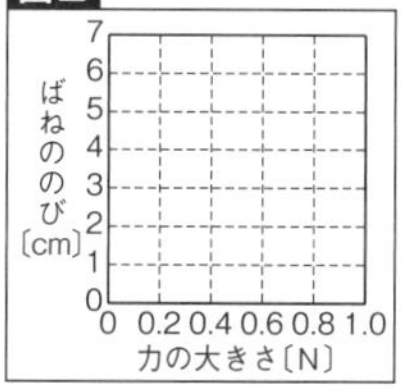

❽図Ⅳのように，このばねに5個のおもりをつるして下から3個のおもりまでを水に沈めると，ばねののびは何cmになるか。〔岐阜県〕

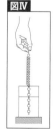

図Ⅳ

ポイント 測定②について，1個のおもりにはたらく浮力の大きさは0.04Nである。

❻0.2N

❼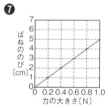

❽4.4cm
解説 測定①のおもり2個分と，測定②のおもり3個分の合計。
1.0cm×2＋0.8cm×3
＝4.4cm
※おもり1個が水につかるとばねののびで0.2cm分，つまり0.04Nの浮力がかかる。

凸レンズ

❶凸レンズを通過した光が実際にスクリーン
の上に集まってできる像の名称。　〔茨城県〕

❶実像

〔実験〕**図Ⅰ**のように，光源，黒い紙をＦの文
字に切り抜いた物体，焦点距離が8cmの凸レ
ンズ，スクリーン，光学台を用いて実験装置
を組み立てた。

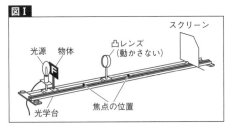

図Ⅰ

スクリーン

光源　物体　　　凸レンズ
（動かさない）

焦点の位置
光学台

よくでる　❷凸レンズを動かさずに，物体とスクリーン
を移動させ，スクリーン上にはっきりとし
た像が映るようにした。物体側から見たと
きに映った像を表した図として最も適切な
ものを，次の**ア〜エ**から1つ選べ。〔和歌山県〕

ア　　　イ　　　ウ　　　エ

❷**エ**

解説 凸レンズによる
実像は，上下左右が実
物とは反対になる。

❸問題❷の状態から物体を凸レンズに近づけ
ると，スクリーン上の像がぼやけた。凸レ
ンズとスクリーンの距離を[　**ア**　]する
と，問題❷のときよりも[　**イ**　]像がス
クリーンにはっきりと映った。　〔和歌山県〕

❸**ア**…長く
イ…大きな

解説

像

実物

よくでる ❹問題❸の状態から，物体とスクリーンを移動させ，スクリーンに物体と同じ大きさの像がはっきりと映るようにした。このとき，物体から凸レンズまでの距離は何cmか。

〔高知県〕

〔実験〕次に，物体を焦点と凸レンズの間に置くと，スクリーン上に像が映らなかった。スクリーンをとり除き，凸レンズを通して物体を観察すると物体より大きい像が見えた。

❺このように，凸レンズを通して見える拡大された像の名称。 〔高知県〕

❻スクリーン上に像が映らず，問題❺の像が見えたのは，物体から出た光が凸レンズを通過した後，どのように進んだためか。適当なものを，次の**ア**～**ウ**から1つ選べ。

〔高知県・改〕

ア 広がって進んだ。
イ 平行に進んだ。
ウ 狭まって進んだ。

❼次の文の空欄**a**，**b**に入る適切な言葉の組み合わせを，下の**ア**～**エ**から1つ選べ。

〔宮崎県〕

> ヒトの目は，物体からの光をレンズによって[**a**]させ，[**b**]上に像を結ぶことによって光の刺激を受け取っている。

ア a…反射 b…網膜
イ a…反射 b…光彩
ウ a…屈折 b…網膜
エ a…屈折 b…光彩

❹16cm

解説 物体を凸レンズから焦点距離の2倍の位置に置くと，凸レンズの反対側の焦点距離の2倍の位置に，実物と同じ大きさの実像ができる。

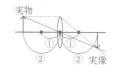

❺虚像

❻ア

解説 物体が焦点の位置にあるとき，凸レンズを通過した光は平行に進む。このときは，虚像も見えない。

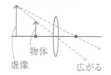

❼ウ

新傾向問題

❶放射線や放射性物質についての記述として
誤っているものを，次の**ア～エ**から1つ選
べ。　〔埼玉県〕

ア　X線撮影は放射線の透過性を利用して
いる。

イ　放射線を出す能力を放射能という。

ウ　放射性物質は，自然界に存在しないた
め，人工的につくられる。

エ　放射線によって，人体にどれだけ影響
があるかを表す単位を，シーベルト（記
号Sv）という。

差がつく

❷床に対して垂直に鏡を固定し，身長154cm
の姉と身長114cmの妹が並んで立ったとき，
2人がそれぞれ自分の全身の像を見えるよ
うにしたい。このとき，鏡の縦の長さは少
なくとも何cm必要か，また，その鏡の下
端を床から何cmの高さにすればよいか，そ
れぞれ求めよ。ただし，目の高さは姉が床
から140cm，妹が床から102cmであるとす
る。　〔徳島県〕

思考力 ❸重さと質量は異なる意味をもつものであり，
区別して使う必要がある。重さとは何か，
「重力」という語を用いて簡潔に述べよ。
〔山口県〕

❶**ウ**

解説　放射性物質とは，
ウランやプルトニウム
などの放射能をもつ物
質のことで，自然界に
存在している。

❷縦の長さ…
96cm
下端の高さ…
51cm

解説

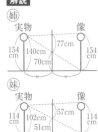

必要な鏡の長さ
147cm－51cm＝96cm

❸その物体にはたら
く重力の大きさ

第 **3** 章

化学分野

燃焼と酸化・質量保存の法則

❶ 2種類以上の物質が結びついて，別の物質ができる化学変化の名称。　〔岡山県〕

❶化合

❷ 問題❶の化学変化のうち，物質が酸素と結びつく反応の名称。　〔島根県〕

❷酸化

ポイント
酸化のうち，熱や光を出しながら激しく反応するものは，特に燃焼という。

〔実験〕ステンレス皿に銅の粉末を入れ，ときどきかき混ぜながら十分に加熱し，完全に反応させた。この操作を，銅の質量を変えて行った。表は，その結果の一部である。

加熱前の銅の質量[g]	0.40	0.80	1.20
加熱後の物質の質量[g]	0.50	1.00	1.50

ポイント
酸化銅の色は黒色。

 よくでる **❸** このとき起こった化学変化を，化学反応式で書きなさい。　〔青森県・改〕

❸ $2Cu + O_2$
$\rightarrow 2CuO$

 よくでる **❹** 銅の質量と，銅と化合した酸素の質量の比を，最も簡単な整数比で表せ。　〔福岡県・改〕

❹4：1

解説 銅：酸素：酸化銅の比は4：1：5である。よく出題されるので覚える。

❺ 加熱後の質量が0.90gのとき，ふくまれている酸素の質量は何gか。　〔岐阜県・改〕

❺0.18g

解説 銅：酸素：酸化銅の質量比4：1：5より，$0.9g \times \frac{1}{5} = 0.18g$

 差がつく **❻** 銅の質量を2.00gにして加熱したが，銅が完全に反応せず，加熱後の質量が2.37gになった。このとき，未反応の銅の質量は何gか。　〔岡山県〕

❻0.52g

解説 化合した酸素は $2.37g - 2.00g = 0.37g$，反応した銅は $0.37 \times 4 = 1.48[g]$より，未反応の銅は $2.00 - 1.48 = 0.52[g]$

〔実験〕前ページと同じ実験を, 銅粉末の代わりに, リボン状のマグネシウムを使って行った。表はその結果の一部である。

加熱前のマグネシウムの質量[g]	0.30	0.60	1.20
加熱後の物質の質量[g]	0.50	1.00	2.00

❼マグネシウムが酸素と化合して酸化マグネシウムができた。この化学変化を化学反応式で書きなさい。　〔香川県〕

生物

物理

化学

地学

よくでる ❽マグネシウムの質量と, 化合する酸素の質量の比を, 最も簡単な整数の比で表せ。
〔長崎県〕

差がつく ❾マグネシウム1.50gを加熱したが, 加熱が不十分であったために, 加熱後の物質の質量が2.30gになった。このとき, 未反応のマグネシウムは何gあるか。　〔香川県〕

よくでる ❿銅粉末とマグネシウム粉末を同じ質量だけとって, それぞれ十分に加熱し, 完全に反応させた。このときの銅に化合した酸素の質量と, マグネシウムに化合した酸素の質量の比を, 最も簡単な整数比で表せ。
〔愛媛県〕

❼$2Mg + O_2$
$\rightarrow 2MgO$
ポイント
酸化マグネシウムは白色。

❽3：2
解説 マグネシウム：酸素：酸化マグネシウムの質量比は3：2：5

❾0.30g
解説 化合した酸素の質量は$2.30 - 1.50 = 0.80$[g]なので, 反応したマグネシウムは$0.80g \times \frac{3}{2} = 1.20g$。したがって, $1.50 - 1.20 = 0.30$[g]

❿3：8
解説 銅：酸素$= 4：1 = 12：3$, マグネシウム：酸素$= 3：2 = 12：8$より, 銅に結びついた酸素：マグネシウムに結びついた酸素$= 3：8$

入試で差がつくポイント

Q 銅の粉末とマグネシウムの粉末の混合物4.00gを, 上の実験と同じ手順で完全に反応させたところ, 反応後の質量は5.50gになった。加熱前の混合物に銅は何g含まれていたか。　〔新潟県〕

A 2.80g

解説 加熱前の銅の質量をxg, マグネシウムの質量をygとすると, 加熱前の質量について, $x + y = 4.00$　…①, 加熱後の質量について, $\frac{5}{4}x + \frac{5}{3}y = 5.50$…②　①, ②を連立方程式にして解くと, $x = 2.80(g)$

〔実験〕5個のビーカーにうすい塩酸を32.0g
ずつ入れた。それぞれのビーカーに異なる質
量の炭酸カルシウム $CaCO_3$ を入れ，反応が終
わってから質量をはかり，表にまとめた。た
だし，ビーカーの質量は除いてある。

$CaCO_3$[g]	1.0	2.0	3.0	4.0	5.0
反応後[g]	32.6	33.2	33.8	34.4	35.4

❶❶炭酸カルシウムを1.0g加えたときに発生し
た気体の質量は何gか。 〔新潟県・改〕

❶❷このうすい塩酸32.0gと反応させて溶かす
ことができる炭酸カルシウムの質量は，最
大で何gか。 〔愛媛県・改〕

❶❸炭酸カルシウム7.0gを過不足なく反応させ
るために必要なうすい塩酸は何gか。
〔長野県〕

差がつく ❶❹炭酸カルシウム以外の不純物を含む石灰石
4.0gを，32.0gのうすい塩酸に加えたとこ
ろ，気体が1.2g発生した。この石灰石には，
不純物が何％含まれているか。ただし，不
純物はうすい塩酸と反応しないものとする。
〔兵庫県・改〕

よくでる ❶❺反応の前後で物質全体の質量は変化しない
という法則。 〔石川県〕

❶❻問題❶❺の法則が成り立つのは，物質をつく
る原子の[ア]は変わるが，原子の
[イ]や[ウ]は変わらないからであ
る。 〔茨城県・改〕

ポイント 発生した気
体の CO_2 の質量の分だ
け，全体の質量は小さ
くなる。

❶❶0.4g
解説 $(32.0g + 1.0g) - 32.6g = 0.4g$

❶❷4.0g
解説 $CaCO_3$ 4.0gの実
験のとき，CO_2 の発生
量は1.6gで，それから
変化がない。

❶❸56.0g
解説 $32.0g \times \dfrac{7.0}{4.0}$
$=56.0g$

❶❹25%
解説 気体が1.2g発生
したことから，石灰石
に含まれる炭酸カルシ
ウムは $4.0g \times \dfrac{1.2}{1.6} = 3.0g$。
よって不純物は $4.0g - 3.0g = 1.0g$。
$\dfrac{1.0}{4.0} \times 100 = 25\%$

❶❺質量保存の法則

❶❻ア…組み合わせ
イ…種類
ウ…数
（イ，ウ順不同）

〔実験〕うすい塩酸40.0gを入れた5つのビーカー**A**～**E**を用意し，それぞれに炭酸水素ナトリウムを，質量を変えて加えて（加えた質量を①とする），ガラス棒でよくかき混ぜ，二酸化炭素が発生しなくなってから，水溶液の質量を調べた（この質量を②とする）。表はその結果をまとめたものであり，**図Ⅰ**は，炭酸水素ナトリウムの質量と発生した二酸化炭素の質量の関係をグラフにまとめたものである。

ポイント 過不足なく反応する点→グラフの折れ曲がりのところ

図Ⅰ

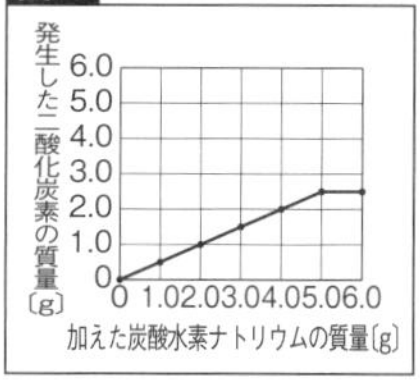

ビーカー	**A**	**B**	**C**	**D**	**E**
① [g]	2.0	3.0	4.0	5.0	6.0
② [g]	41.0	41.5	42.0	42.5	43.5

⑰このときの反応を化学反応式で表したとき，**ア**，**イ**に入る物質を化学式で答えなさい。

〔島根県〕

[**ア**]＋NaHCO₃→NaCl＋[**イ**]＋CO₂

⑰**ア**…HCl
　イ…H₂O

⑱反応後の**E**の水溶液に緑色のBTB溶液を加えると，何色になるか。 〔島根県・改〕

⑱青色
　解説 炭酸水素ナトリウムが1.0g余っている。炭酸水素ナトリウムは水に溶けると弱いアルカリ性を示す。

⑲この実験の考察として正しいものを，次の**ア**～**エ**から2つ選べ。 〔和歌山県〕

　ア 炭酸水素ナトリウム6.0gをすべて反応させるには，この実験で用いたうすい塩酸が48.0g必要である。

　イ 水溶液にNaClが生じるのは，炭酸水素ナトリウムを5.0g以上加えたときである。

　ウ 発生した二酸化炭素の質量は，炭酸水素ナトリウムの質量に常に比例する。

　エ 発生した二酸化炭素の質量が一定になったとき，塩酸はすべて反応している。

⑲**ア**，**エ**

酸化物の還元

よくでる ❶酸化物が酸素をうばわれる化学変化の名称。

〔長野県〕

〔実験1〕黒色の酸化銅の粉末4.00gに異なる質量の炭素粉末をよく混ぜた混合物**A**〜**E**を，**図Ⅰ**のような装置で加熱したところ，気体が発生した。

図Ⅰ
酸化銅と炭素粉末の混合物

気体が発生しなくなってから，試験管に残った固体の質量を調べ，表にまとめた。また，試験管に残った固体の色は，**C**のみが赤色で，その他は黒色と赤色が混ざっていた。

試験管	A	B	C	D	E
炭素粉末[g]	0.1	0.2	0.3	0.4	0.5
反応後[g]	3.7	3.5	3.2	3.3	3.4

❷発生した気体について，最も適当なものを次の**ア**〜**エ**から1つ選べ。 〔長野県〕

ア 水素 **イ** 酸素 **ウ** 二酸化炭素
エ 試験管内にあった空気

よくでる ❸この化学変化では，酸化銅が［ **ア** ］され，炭素は［ **イ** ］されたといえる。

〔沖縄県・改〕

❹過不足なく反応するときの，酸化銅の質量と，炭素の質量の比を，最も簡単な整数比で表せ。 〔長野県〕

---

❶還元

ポイント **C**の結果より，
酸化銅＋炭素
$2CuO + C$
4.0g　0.3g

→銅＋二酸化炭素
→$2CuO + CO_2$
3.2g　1.1g

加熱をやめる前に，ガラス管を試験管から抜く。
→石灰水が試験管に流れるのを防ぐ。
加熱をやめたらすぐにピンチコックでゴム管を止める。
→銅が再び酸化されるのを防ぐ。

❷ウ

❸ア…還元
イ…酸化

❹40：3

解説 過不足なく反応したのは，残った固体が赤色のみの**C**の実験

❺B，Eに残った黒色の固体は何か。次の**ア**
　〜**ウ**から1つずつ選べ。　〔長野県〕
　ア　酸化銅　　**イ**　炭素
　ウ　酸化銅と炭素

❺B…**ア**
　E…**イ**
　解説　Bでは未反応の
　酸化銅，Eでは未反応
　の炭素が残る。

よくでる ❻酸化銅4.00gと炭素粉末0.15gを混合した
　とき，反応によって発生する気体の質量は
　何gか。　〔神奈川県〕

❻0.55g
　解説　過不足がないC
　の実験では1.1g発生し
　たので，
　$1.1g \times \dfrac{0.15g}{0.3g} = 0.55g$

❼銅鉱石の成分がすべて酸化銅であるとする
　と，銅鉱石1kgから得られる銅は，最大何
　gか。　〔沖縄県〕

❼800g
　解説　質量比は，
　酸化銅：銅 = 4.0g：
　3.2g = 5：4となるので，
　$1000g \times \dfrac{4}{5} = 800g$

〔実験2〕空気中でマグネシウムリボンに火を
つけ，二酸化炭素の入った集気びんの中に入
れたところ，マグネシウムリボンはしばらく
燃え続け，あとに白色の物質と黒色の物質が
残った。

❽この反応によって還元された物質の名称。
　〔香川県・改〕

❽二酸化炭素

❾実験1，2より，次の**ア**〜**ウ**を，酸素と結び
　つきやすい順に並べなさい。　〔岡山県・改〕
　ア　炭素　　**イ**　銅　　**ウ**　マグネシウム

❾**ウ，ア，イ**
　解説　酸化物を還元で
　きるのは，それよりも
　酸素と結びつきやすい
　物質。

生物

物理

化学

地学

　入試で差がつくポイント

Q　実験1の結果を元に，酸化銅1.00gと炭素の粉末0.06gの混合物を加熱すると
　0.84gの物質が残り，赤色と黒色の物質が見られた。残った物質のうち，黒色の
　物質の質量は何gか。ただし，炭素はすべて反応したものとする。　〔東京都・改〕

A　0.20g

解説　炭素0.06gと反応した酸化銅の質量をxgとすると，問題❹より40：3 = x：0.06，x
　= 0.80　よって，残り0.20gが未反応。

89

酸・アルカリと中和

〔実験〕ガラス板に食塩水をしみ込ませたろ紙を置き，**図I**のように青色リトマス紙**A**，**B**赤色リトマス紙**C**，**D**と，水酸化ナトリウム水溶液をしみ込ませたろ紙を重ねた。両端を留めたクリップを陽極，陰極として電流を流すと，色が変化したリトマス紙があった。

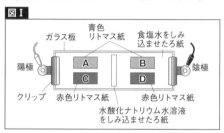

図I

ガラス板　青色リトマス紙　食塩水をしみ込ませたろ紙

陽極　　A　　B　　陰極

C　　D

クリップ　赤色リトマス紙　赤色リトマス紙

水酸化ナトリウム水溶液をしみ込ませたろ紙

❶色が変化したリトマス紙を，**図I**の**A〜D**から1つ選べ。　　　　　　〔東京都 改〕

よくでる ❷この実験でリトマス紙の色を変化させたイオンのイオン式。　　　　　　〔宮城県〕

❸水酸化ナトリウム水溶液の代わりに，うすい塩酸をしみこませたろ紙で同じ実験を行ったとき，色が変化するリトマス紙を，**図I**の**A〜D**から1つ選べ。　　〔宮城県〕

❹中央のろ紙にしみ込ませる液体をかえたときの結果が，問題❸と同じになる液体を，次の**ア〜エ**から1つ選べ。　　　　〔新潟県〕
　ア 砂糖水　**イ** エタノール水溶液
　ウ 食酢　**エ** アンモニア水

ポイント
青色リトマス紙を赤色に変色→H^+，赤色リトマス紙を青色に変色→OH^-

ポイント pHについて

7より小さい	7	7より大きい
酸性	中性	アルカリ性

❶**C**
　解説 $NaOH → Na^+ + OH^-$と電離している。

❷**OH^-**
　解説 OH^-は−の電気を帯びているので，陽極に引き寄せられる。

❸**B**
　解説 $HCl → H^+ + Cl^-$と電離しており，H^+が＋の電気を帯びているので，陰極へ引き寄せられる。

❹**ウ**
　解説 硫酸，酢酸，炭酸水などは塩酸と同様，酸性の水溶液。砂糖水，エタノール水溶液は中性。

⑤ 水溶液が中性のときのpHの値。　　〔大阪府〕

⑥ 水溶液のpHが問題⑤の値よりも小さいとき，その水溶液は何性か。　　〔北海道〕

⑦ 問題⑥の水溶液に共通して含まれるイオンのイオン式。　　〔岐阜県〕

⑧ 次の**ア〜オ**のうち，赤色リトマス紙を青色に変える液体を2つ選べ。　　〔北海道〕
　ア　アンモニア水　　　**イ**　レモン汁
　ウ　食酢　**エ**　純水　**オ**　石けん水

⑨ 次の**ア〜ウ**を，pHの大きい順に並べ替えなさい。　　〔熊本県〕
　ア　食塩水　　　　**イ**　うすい塩酸
　ウ　うすい水酸化ナトリウム水溶液

 よくでる
⑩ 酸とアルカリを混ぜたときにおこる，互いの性質を打ち消しあう反応。　　〔栃木県〕

⑪ 問題⑩の反応で，水素イオンと水酸化物イオンが結びついて生じる物質の化学式。　　〔長野県〕

⑫ 問題⑩の反応で，酸の陰イオンとアルカリの陽イオンが結びついてできる物質の総称。　　〔徳島県〕

⑬ 問題⑩の反応は[　　　　]反応であり，水溶液の温度が上昇する。　　〔兵庫県〕

---

⑤7

⑥酸性

⑦H^+

⑧ア，オ
　解説 レモン汁，食酢は酸性。純水は中性。

⑨ウ，ア，イ

⑩中和（中和反応）
　解説 酸からのH^+とアルカリからのOH^-の$H^+ + OH^- \rightarrow H_2O$の反応を中和という。

⑪H_2O

⑫塩
　解説
　$HCl + NaOH \rightarrow$
　$H_2O + NaCl$
　　　　↑塩

⑬発熱
　解説 中和反応で発生する熱のことを「中和熱」という。発熱反応とは逆に周囲から熱を奪う反応を「吸熱反応」という。

〔実験〕うすい水酸化ナトリウム水溶液をビーカーに20cm³入れ，BTB溶液を少量加えたのち，うすい塩酸を10cm³ずつ加えて，よくかき混ぜ，水溶液の色を観察した（表）。

加えた回数	0	1	2	3	4
加えた塩酸の体積の合計 [cm³]	0	10	20	30	40
水溶液の色	青	青	緑	黄	黄

⓮実験において緑色に変化した水溶液の一部をスライドガラスにとり水分を蒸発させたとき，残った結晶の化学式。　〔宮崎県〕

ポイント
塩酸と水酸化ナトリウムの中和反応
HCl+NaOH→
$NaCl + H_2O$

⓮$NaCl$

よくでる ⓯加えたうすい塩酸の体積と，水溶液中の水素イオンの数との関係を表すグラフを次の**ア〜エ**から1つ選べ。　〔岡山県〕

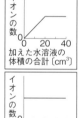

ア
イオンの数
0　20　40
加えた水溶液の体積の合計 [cm³]

イ
イオンの数
0　20　40
加えた水溶液の体積の合計 [cm³]

ウ
イオンの数
0　20　40
加えた水溶液の体積の合計 [cm³]

エ
イオンの数
0　20　40
加えた水溶液の体積の合計 [cm³]

⓯**ウ**

解説 塩酸を20cm³加えるまではH^+は中和に使われる。

⓰この実験で中和が起こっているのはいつか。正しいものを次の**ア〜エ**から1つ選べ。　〔岩手県・改〕

ア　1回目のみ　**イ**　2回目のみ
ウ　1，2回目　**エ**　1〜3回目

⓰**ウ**

解説 2回目終了時，水酸化ナトリウムが中和に完全に使用される。

⓱塩酸を1回だけ加えたとき，水溶液中に含まれているイオンを，すべてイオン式で答えよ。　〔愛知県・改〕

⓱Na^+, OH^-, Cl^-

解説 水酸化ナトリウムが余っているので，OH^-，Na^+は存在している。HClはH^+，Cl^-に電離していく。H^+は中和に使われる。

〔実験〕5個のビーカーA〜Eを用意し、それぞれに水酸化バリウムBa(OH)₂の水溶液を100cm³ずつはかって入れた。次に、A〜Eにうすい硫酸H₂SO₄を、それぞれ体積を変えて加え、生じた白色沈殿の質量を調べた(表)。

	A	B	C	D	E
硫酸[cm³]	1.5	2.5	3.5	4.5	5.5
沈殿[g]	0.9	1.5	2.1	2.4	2.4

⓲ ビーカー内で起こる反応を表す、次の化学反応式を完成させなさい。〔鹿児島県〕

$H_2SO_4 + Ba(OH)_2 \rightarrow$ [　　　　　]

 差がつく ⓳ この水酸化バリウム水溶液をちょうど中和するために必要なうすい硫酸の体積を求めなさい。〔石川県・改〕

 思考力 ⓴ 上の実験では沈殿が生じたが、前ページの実験では沈殿が生じなかったのは、それぞれで生じる塩の、水に対する[　　　]が異なるからである。〔青森県・改〕

ポイント

$H_2SO_4 + Ba(OH)_2 \rightarrow$
$2H_2O + BaSO_4$
※硫酸バリウムは水に
　溶けずに沈殿する

⓲ $BaSO_4 + 2H_2O$

解説 $BaSO_4$は白色の沈殿として現れる。

⓳ $4.0cm^3$

解説 硫酸が1.5cm³中和に使われると$BaSO_4$が0.9gできるので、1.5 $cm^3 \times \dfrac{2.4}{0.9} = 4.0cm^3$

⓴ 溶けやすさ

解説 NaClのような塩は電離して溶けるが、$BaSO_4$のように水に溶けにくい塩もある。

入試で差がつくポイント

Q 上の実験で、水酸化バリウム水溶液100cm³に含まれるバリウムイオンの数をnとするとき、中和によってできた水分子の数を、A〜Eのそれぞれについて求めよ。〔静岡県・改〕

A A…0.75n、B…1.25n、C…1.75n、D…2n、E…2n

解説 問題⓲の反応式より、Ba(OH)₂がすべて中和されたとき、水分子の数が2nになる。問題⓳より、ちょうど中和されるのはうすい硫酸を4.0cm³加えたときであり、加えた体積が4.0cm³以下のとき、中和によってできた水分子の数はうすい硫酸の体積に比例する。4.0cm³を上回ったときは中和によってできた水分子の数は2nとなる。

電気分解・電池

〔実験〕**図I**の装置を用いて、<u>水に少量の水酸化ナトリウムを溶かした水溶液</u>を用いて電流を流すと、電極**A**, **B**から気体が発生した。これについてあとの問いに答えよ。

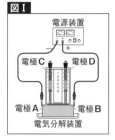

図I
電源装置
電極C　電極D
電極A　電極B
電気分解装置

ポイント
電源装置の−極とつながっている電極Aが陰極。

よくでる ❶この実験において、純粋な水ではなく、下線部の水溶液を用いるのは、[　　　]ためである。　〔山口県・改〕

❶電流を流れやすくする
ポイント
塩酸を加えてはいけない。(陽極で塩素が発生するから)

❷この反応では、陰極で気体の [**ア**] が、陽極で気体の [**イ**] が発生する。〔大阪府〕

❷ア…水素
イ…酸素

よくでる ❸問題❷で発生する**ア**の分子の数は、**イ**の分子の数の何倍か。　〔鹿児島県〕

❸2倍

❹この実験で起こった化学変化を表す化学反応式を書きなさい。　〔山口県〕

❹$2H_2O \rightarrow 2H_2 + O_2$
ポイント
反応式の係数は分子数の比と同じ
$2H_2O \rightarrow 2H_2 + O_2$
2分子→2分子+1分子

●図Iの装置から電源装置をはずして、電極**C**, **D**に電子オルゴールをつなぐと音が出た。

❺このとき起こった反応を、化学反応式で書きなさい。　〔長崎県〕

❺$2H_2 + O_2 \rightarrow 2H_2O$

❻問題❺の化学反応によって電気エネルギーを取り出す電池の名称。　〔山口県〕

❻燃料電池
ポイント 燃料電池は水素と酸素の反応で電気エネルギーを生む。

❼塩化銅水溶液を電気分解すると，[**ア**] 極の表面に銅が付着し，もう一方の電極から [**イ**] が発生する。　　　〔北海道・改〕

❼ア…陰
　イ…塩素

❽問題❼の [**ア**] 極で起こる化学変化を，イオン式を用いて書きなさい。ただし，電子1個はe⁻で表すこととする。　〔富山県・改〕

❽$Cu^{2+}+2e^-→Cu$
ポイント 陰極では陽イオンなどが電子を受け取る。陽極では陰イオンなどが電子を放出。

❾塩化銅水溶液の電気分解における化学反応式を書きなさい。　　　　　　〔大阪府〕

❾$CuCl_2→Cu+Cl_2$

差がつく ❿塩化銅水溶液を電気分解して，銅が0.030g生じたとき，分解した塩化銅は何gか。銅原子と塩素原子の質量比を20：11とする。
　　　　　　　　　　　　　　　〔富山県〕

❿0.063g
解説 銅の質量を20gとすると，塩化銅の質量は20g+11g×2＝42gよって，
$0.030g×\dfrac{42}{20}=0.063g$

⓫問題❼の**イ**の気体が溶けた水溶液の性質を確かめる方法と結果を，次の**ア**〜**エ**から1つ選べ。　　　　　　　　　　〔福井県〕
　ア　石灰水を加えると白くにごる。
　イ　赤色リトマス紙を青色に変える。
　ウ　BTB溶液を加えると青色になる。
　エ　赤インクを滴下すると色が消える。

⓫エ
解説 塩素は刺激臭のほか，漂白作用をもつ。また，水に溶けやすく，水溶液は酸性を示す。

⓬化学変化によって電気エネルギーを取り出すことができる装置の名称。　〔沖縄県〕

⓬化学電池（電池）

⓭問題⓬の装置のうち，外部から逆向きの電流を流すことで，くり返し使用できるものの名称。　　　　　　　　　　　〔島根県〕

⓭二次電池
解説 外部から逆向きの電流を流す操作を充電という。くり返し使用できないものを一次電池という。

生物

物理

化学

地学

〔実験〕図Ⅱのように、うすい硫酸を入れたビーカーに亜鉛板と銅板を入れ、光電池用モーターをつないだところ、プロペラが回転した。

図Ⅱ

光電池用モーター
銅板
亜鉛板
うすい硫酸

ポイント 亜鉛イオンが水溶液中に溶け出すので、亜鉛板の質量は減る。
$$Zn \rightarrow Zn^{2+} + 2e^-$$
$$2H^+ + 2e^- \rightarrow H_2$$

よくでる

⓮電子が移動する向きと電流の向きはそれぞれどうなるか。図ⅡのA, Bから1つずつ選べ。　〔岡山県・改〕

⓮電子…B
電流…A
解説 電子の移動する向きと電流の向きは逆である。

よくでる

⓯亜鉛板の表面では、亜鉛原子1個が電子を[ア]個放出し、亜鉛イオンになる。銅板の表面では、うすい硫酸中の水素イオン1個が、電子を[イ]個受け取って水素原子となる。水素原子は[ウ]個結びついて水素分子1個となる。　〔新潟県・改〕

⓯ア…2
イ…1
ウ…2

⓰図Ⅱの装置では、物質がもつ[ア]エネルギーが[イ]エネルギーに変換され、モーターで[イ]エネルギーが[ウ]エネルギーに変換された。　〔兵庫県・改〕

⓰ア…化学
イ…電気
ウ…運動（力学的）

⓱次のア〜エのうち、うすい硫酸の代わりにビーカーに入れたとき、電流がとり出せないものを1つ選べ。　〔佐賀県〕
ア　レモンの汁　　イ　食塩水
ウ　食酢　　　　　エ　砂糖水

⓱エ
解説 砂糖は水溶液中でほとんど電離しない（砂糖は非電解質である）。

⓲図Ⅱの実験装置が電池になるためには、[ア]種類の金属板を用いて、[イ]の水溶液を用いる必要がある。　〔三重県・改〕

⓲ア…2（異なる）
イ…電解質
解説 電解質とは水に溶けて電離する物質。（水に溶けると電気を通す。）

〔実験〕図Ⅲのように、木炭(備長炭)に食塩水とフェノールフタレイン溶液をしみ込ませたろ紙を巻き、その

図Ⅲ

食塩水とフェノールフタレイン溶液をしみ込ませたろ紙
木炭
アルミニウムはく
電子オルゴール

上からアルミニウムはくを巻いた。アルミニウムはくと木炭を電極として電子オルゴールにつないだところ、電子オルゴールが鳴った。長時間鳴らした後、アルミニウムはくを見ると、ぼろぼろになっていた。また、ろ紙は赤色になった。

よくでる ⓳電子オルゴールの＋端子をつないだのは、木炭とアルミニウムはくのどちらか。

〔福岡県・改〕

⓴アルミニウム原子は、1個あたり [　　　] 個の電子を放出してAl^{3+}となった。

〔オリジナル〕

㉑ろ紙の色の変化から、水溶液は何性になったといえるか。 〔群馬県・改〕

思考力 ㉒水溶液が問題㉑のようになるのは、木炭中の酸素分子と食塩水中の水分子が電子を受け取るためである。この反応は、[**ア**]＋$2H_2O$＋$4e^-$→[**イ**][**ウ**] と表すことができる。[**ア**]、[**ウ**] には化学式またはイオン式を、[**イ**] には数字をそれぞれ書きなさい。ただし、e^-は電子1個を表すものとする。 〔群馬県〕

ポイント フェノールフタレイン溶液は、アルカリ性では赤色となる。

⓳**木炭**

解説 アルミニウムは電池の－極、木炭は電池の＋極の役割をする。

⓴**3**

解説 $Al → Al^{3+} + 3e^-$ (e^-は電子1個を表す)

㉑**アルカリ性**

㉒**ア**…O_2
イ…**4**
ウ…OH^-

生物
物理
化学
地学

原子・分子，化学反応式

❶アルミニウムや銅のように，1種類の原子からできている物質の名称。　〔石川県〕

❷次の**ア～エ**のうち，1種類の原子からできている物質を1つ選べ。　〔宮城県〕
ア エタノール　　**イ** 水
ウ 食塩　　　　　**エ** 硫黄

❸気体の水素を用いて酸化銅から銅を取り出す化学変化を，銅原子を◎，酸素原子を○，水素原子を●として表すとき，次の[**X**][**Y**]にあてはまるモデルを書きなさい。
〔神奈川県　改〕

◎○　+　[**X**]　→　◎　+　[**Y**]

❹二酸化炭素を満たした集気びんに，火のついたマグネシウムリボンを入れたところ，マグネシウムリボンは燃え続け，後には白い物質と黒い物質がみられた。この化学変化を，マグネシウム原子を◎，炭素原子を●，酸素原子を○として表すとき，次の**X**，**Y**に当てはまるモデルを書きなさい。〔長崎県〕

◎ ◎ + ○●○ → [**X**(白色)] + [**Y**(黒色)]

❺都市ガスの主成分であるメタンCH_4の燃焼を表す次の化学反応式の**X**，**Y**に当てはまる化学式を答えよ。　〔山形県〕
$CH_4 + 2O_2 →$ [**X**] + 2[**Y**]

---

❶単体

❷**エ**

ポイント
エタノールは$C_2H_5(OH)$，水はH_2O，食塩は$NaCl$，硫黄はSと化学式を書けばわかる。

❸**X**…●●
Y…○●●
解説 酸化銅：CuO
水素：H_2
水：H_2O

❹**X**…◎○　◎○
Y…●
解説
$2Mg + CO_2 →$
$2MgO + C$

❺**X**…CO_2
Y…H_2O
解説 メタンやプロペン，アルコールなどは有機物で，燃焼するとH_2OやCO_2を発生。

●次の**❻**〜**❾**の化学変化を化学反応式で書きなさい。

 よくでる **❻** 鉄と硫黄が反応して硫化鉄が生じる化学変化。　　　　　　　　　〔宮城県〕

❻ $Fe + S → FeS$

解説 硫化鉄は黒色。

 よくでる **❼** 黒色の酸化銀を加熱すると白くなった。このとき起こった化学変化。　〔茨城県〕

❼ $2Ag_2O$
$→4Ag + O_2$

よくでる **❽** 酸化銅に炭素粉末を加えたものを加熱したときに起こった化学変化。　〔沖縄県〕

❽ $2CuO + C$
$→2Cu + CO_2$

解説 酸化銅は黒色。

よくでる **❾** 塩酸と水酸化ナトリウム水溶液の中和。
　　　　　　　　　　　　　　　〔岡山県・改〕

❾ $HCl + NaOH$
$→H_2O + NaCl$

❿ 塩酸中で塩化水素が電離するようす。
　　　　　　　　　　　　　　　〔長崎県〕

❿ $HCl → H^+ + Cl^-$

解説 塩化水素は電解質である。

⓫ 塩化銅が水にとけて電離するようす。
　　　　　　　　　　　　　　　〔佐賀県〕

⓫ $CuCl_2$
$→Cu^{2+} + 2Cl^-$

解説 水溶液中の銅イオンと塩化物イオンの数の比は1:2

生物
物理
化学
地学

 入試で差がつくポイント

Q 水素と塩素から塩化水素ができる化学反応において、それぞれの体積の間には、1:1:2という関係が成り立つ。それをもとに、太郎さんは**図Ⅰ**のモデルを考えた。このモデルがドルトンの原子説と矛盾している点を、原子の大きさ以外に1つ書きなさい。なお、●は水素原子を、○は塩素原子を表す。　　〔石川県・改〕

図Ⅰ

A (例) 原子が分割されている。

解説 ドルトンは「物質は原子というそれ以上分割できない粒子からできている」「原子は種類ごとに大きさと質量が決まっている」「化学変化の前後で原子がなくなったり、新しくできたりしない」などの内容からなる『原子説』を提唱した。なお、この反応の化学反応式は、$H_2 + Cl_2 → 2HCl$ となる。

物質の識別

〔実験〕4つの物質A〜Dは，砂糖，食塩，重曹（炭酸水素ナトリウム），デンプンのいずれかである。それぞれに次の操作を行った。

操作Ⅰ：燃えるかどうかを調べる。燃えた場合は，燃えたときに発生した気体を石灰水に通す。

操作Ⅱ：20℃の水80gに8gずつ加え，溶けるかどうかを調べる。

結果は次のようになった。

物質	A	B	C	D
操作Ⅰ 燃える：○，燃えない：×	○	×	○	×
操作Ⅱ 溶けた：○，少し残った：△ ほとんど溶けなかった：×	○	△	×	○

また，物質B，Dをうすい塩酸に入れたところ，物質Bのみ，気体が発生した。

❶ 操作Ⅰで物質A，Cが燃えたとき，燃えてできた気体は，石灰水を白くにごらせた。発生した気体の化学式を書け。　〔京都府・改〕

❷ 問題❶より，物質A，Cには［　　　］原子が含まれていることがわかる。〔岩手県・改〕

よくでる **❸** 物質A，Cのように，問題❷の原子を含み，加熱すると燃えて問題❶の気体や水素を発生する物質の総称。　〔富山県〕

❹ 物質A〜Dはそれぞれ何か。　〔京都府・改〕

ポイント 炭酸水素ナトリウムは，水に少し溶けて弱いアルカリ性を示す。
砂糖，デンプンは有機物である。

ポイント 有機物は完全燃焼するとCO_2やH_2が発生。

ポイント 有機物はその他，メタン，プロパン，プラスチック，アルコールなどがある。

❶ CO_2
解説 CO_2を通すと石灰水は白くにごる。

❷ 炭素

❸ 有機物
❹ A…砂糖
B…重曹
C…デンプン
D…食塩

〔実験〕形や大きさが異なる金属片 **A** ～ **D** があり，銅，アルミニウム，マグネシウム，鉄のい

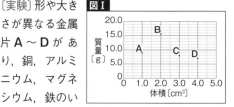

図 I

ずれかであることがわかっている。**A** ～ **D** の質量と体積を調べ，**図 I** にまとめた。また，**A** ～ **D** とは別にあった鉄片の質量は19.7g，体積は2.5cm^{3}であった。

❺鉄の密度は何g/cm^{3}か。小数第2位を四捨五入して小数第1位まで求めよ。　　〔島根県〕

❻問題❺より，**A** ～ **D** のうち，鉄と考えられるものはどれか。　　〔島根県〕

❼質量や体積をはかることなく，鉄とアルミニウムを区別するには，[　　]を使う方法がある。　　〔富山県・改〕

●無色透明の水溶液 **A** ～ **F** は，塩酸，炭酸水，水酸化ナトリウム水溶液，食塩水，砂糖水，石灰水のいずれかであり，**B** と **E** はアルカリ性であることがわかっている。

❽電流が流れるかどうか調べたところ，水溶液 **C** だけは電流が流れなかった。水溶液 **C** は何か。　　〔長野県〕

❾水溶液 **A**，**D**，**F** を少量蒸発皿にとって加熱したところ，**A** だけ白い固体が残った。また，**B** と **D** を混ぜたら白くにごった。水溶液 **F** は何か。　　〔茨城県・改〕

生物

物理

化学

地学

ポイント
物質の密度 [g/cm^3] ＝物質の質量[g] ÷ 物質の体積[cm^3]
物質によって密度は決まっている（同温で）。

❺7.9g/cm^3
解説 19.7g÷2.5cm^3＝7.88g/cm^3

❻B
解説 密度が問題❺の値と同じもの。

❼磁石
ポイント
電解質が溶けた水溶液は電気を通す。

❽砂糖水
解説 電解質の水溶液は電気を通す。

❾塩酸

化合と分解

〔実験〕鉄粉7.0gと硫黄の粉末4.0gの混合物をつくり，試験管A，Bに分けて入れた。図Iのようにして試験管Aを加熱し，混合物の一部が赤くなったところで加熱をやめ，その後のようすを観察した。

図I

試験管A
脱脂綿
スタンド
鉄粉と硫黄
の混合物
ガスバーナー

ポイント
鉄＋硫黄→硫化鉄
$Fe + S \rightarrow FeS$

よくでる ❶下線部について，反応のようすの説明として最も適当なものを，次の**ア〜エ**から1つ選べ。〔高知県〕

ア 加熱を止めても反応が進み，赤い部分は全体に広がった。

イ 加熱を止めても反応が進み，物質全体が金属光沢をもち始めた。

ウ 加熱を止めると，赤くなっていた部分がすぐに加熱前の状態に戻った。

エ 加熱を止めると，赤くなっていた部分がすぐに白色に変化した。

〔実験〕加熱後の試験管Aと，加熱しなかった試験管Bについて，それぞれ次の操作を行った。

X…磁石に近づけて，反応を調べた。
Y…少量をうすい塩酸に加えた。

❷操作**X**で磁石に引きつけられたのは，試験管A，Bどちらの中の物質か。〔京都府・改〕

❶**ア**
解説 加熱した部分から熱が伝わり，反応が進む。

❷**B**
解説 Bの中の鉄が磁石に引きつけられる。

よくでる ❸操作**Y**では，両方から気体が発生した。表の**P**～**R**に当てはまるものを，下の**ア**～**カ**から1つずつ選べ。　　　　　〔宮城県〕

	色	におい
試験管**A**	**P**	**Q**
試験管**B**	無色	**R**

ア 無色　　**イ** 黄緑色　　**ウ** 赤色
エ 無臭　　**オ** 腐卵臭
カ 甘いにおい

❹操作**Y**で，試験管**A**，**B**から発生した気体の名称を，それぞれ答えなさい。

〔栃木県・改〕

❺試験管**A**にできた物質は何か。　〔群馬県〕

〔実験〕図**Ⅱ**のような装置で，酸化銀を乾いた試験管に入れて加熱し，発生した気体を集めた。

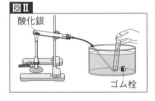

図**Ⅱ**
酸化銀
ゴム栓

気体が発生しなくなるまで十分に加熱し，試験管の中に残った白色の物質をとり出した。

❻とり出した白色の物質が金属かどうかを確かめるために，[　　　]。　　〔福岡県〕

❼とり出した白色の物質を薬さじでこすると[　**ア**　]が見られ，金づちでたたくと，[　**イ**　]。　　　　　　　　　　〔京都府・改〕

❸**P**…ア
Q…オ
R…エ
解説 水素は無臭だが，硫化水素は腐卵臭がする。

❹**A**…硫化水素
B…水素
解説
$FeS + 2HCl \rightarrow$
$H_2S + FeCl_2$

❺硫化鉄
解説 硫化鉄は黒色である。化学式はFeS

ポイント 発生した気体は酸素，残った白色の物質は銀。
酸化銀の熱分解
$2Ag_2O \rightarrow 4Ag+O_2$

❻(例)電流が流れるかどうか確かめる
解説 (別解)さじでこすって光沢を確かめる。

❼**ア**…(金属)光沢
イ…うすく広がった

103

よくでる ❽酸化銀1.16gを十分に加熱したところ，白色の物質は1.08g残った。酸化銀29gを加熱したとき発生する酸素は何gか。〔徳島県〕

 差がつく ❾酸化銀4.00gを加熱して，加熱後の質量が3.79gになったとき，白色の物質は何g含まれているか。〔三重県・改〕

〔実験〕**図Ⅲ**のように，乾いた試験管**A**に炭酸水素ナトリウムを入れて加熱し，出てきた気体を試験管**B**に集めた。

図Ⅲ
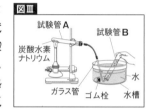
試験管A
試験管B
炭酸水素ナトリウム
ガラス管　ゴム栓
水
水槽

このとき，はじめに出てきた試験管1本分の気体は捨てた。気体が出なくなったあと，加熱をやめた。試験管**A**の口の内側には液体が見られ，底には白い固体が残った。

❿加熱するとき，試験管**A**の口をわずかに下げる。その理由として適当なものを，次の**ア〜エ**から1つ選べ。〔三重県〕
ア 均一に加熱するため。
イ 高温で加熱するため。
ウ 発生した気体が試験管**B**に流れやすくするため。
エ 発生した液体が加熱部分に流れないようにするため。

 よくでる ⓫下線部について，加熱をやめる前に，ガラス管を水槽の水から出す必要がある。これは，[**ア**]が[**イ**]しないようにするためである。〔和歌山県・改〕

❽2g

解説 酸化銀1.16g中に酸素は1.16g − 1.08g = 0.08g含まれるので，$0.08g × \dfrac{29}{1.16} = 2g$

❾2.835g

解説 質量の減少分は，分解されて生じた酸素の質量にあたる。
$(4.00 − 3.79)g × \dfrac{1.08}{0.08}$
$= 2.835$

ポイント はじめに出てきた気体には，試験管内の空気が混ざっている。
底に残った白い固体は炭酸ナトリウムである。
$2NaHCO_3 → Na_2CO_3 + H_2O + CO_2$

❿エ

解説 発生した液体は水である。

⓫ア…（水槽の）水
イ…（試験管**A**に）逆流

よくでる ⑫試験管Aの口についた液体は，[**ア**]色の[**イ**]紙を[**ウ**]色に変えたので，水であると考えられる。 〔富山県〕

⑬試験管Bに[　　　　]を入れてゴム栓をしてよく振ると白濁したので，この気体は二酸化炭素であることがわかった。 〔長崎県〕

⑭試験管Aに残った固体は，炭酸水素ナトリウムと比べて，水に溶け[**ア**]。また，この水溶液にフェノールフタレイン液を加えると，炭酸水素ナトリウム水溶液よりも，[**イ**]赤色になる。 〔香川県・改〕

よくでる ⑮試験管Aに残った固体は，炭酸ナトリウムである。この実験の化学変化を，化学反応式で書きなさい。 〔青森県〕

⑯加熱した炭酸水素ナトリウムの質量を w，試験管に残った炭酸ナトリウムの質量を x，発生した気体の質量を y，生じた水の質量を z としたとき，それらの間に成り立つ関係として正しいものを，次の**ア～エ**から1つ選べ。 〔佐賀県〕

ア $w+y+z=x$ 　**イ** $w+x=y+z$
ウ $w+y=x+z$ 　**エ** $w=x+y+z$

⑰1種類の物質が2種類以上の物質に分かれる化学変化の名称。 〔福岡県〕

差がつく ⑱炭酸水素ナトリウム2.1gを十分に加熱すると，質量が0.8g減少した。炭酸水素ナトリウム0.7gから炭酸ナトリウムは何gできるか。小数第1位まで求めよ。 〔長崎県〕

---

⑫ア…青
イ…塩化コバルト
ウ…赤(桃)
解説 塩化コバルト紙は水を検出するのに用いる。

⑬石灰水

⑭ア…やすい
イ…濃い
解説
▼炭酸水素ナトリウム
白色・水に少し溶ける・弱アルカリ
▼炭酸ナトリウム
白色・水によく溶ける・強アルカリ

⑮$2NaHCO_3$
$\rightarrow Na_2CO_3 +$
$H_2O + CO_2$
解説 炭酸ナトリウムの化学式は Na_2CO_3

⑯エ
解説 「質量保存の法則」である。

⑰分解
解説 A→B+C+…のような反応を分解という。熱分解や電気分解などがある。

⑱0.4g
解説 2.1gの炭酸水素ナトリウムから1.3gの炭酸ナトリウムができるので，$1.3g \times \dfrac{0.7}{2.1} =$ $0.43\cdots ≒ 0.4g$

ものの溶け方

❶ 一度水に溶かした物質を冷却したり，水を蒸発させたりして，再び固体として取り出すことを何というか。 〔群馬県〕

❷ 物質がそれ以上水に溶けることができない水溶液を何というか。 〔高知県〕

よくでる ❸ 下の表は，水の温度と100gの水に溶ける硝酸カリウムの最大量である。80℃の水200gに硝酸カリウムを溶けるだけ溶かしたあと40℃にすると取り出すことができる固体の質量は何gか。 〔群馬県〕

水の温度〔℃〕	20	40	60	80
硝酸カリウム〔g〕	31.6	63.9	109.2	168.8

〔実験〕**図Ⅰ**は，硝酸カリウム，ミョウバン，硫酸銅，塩化ナトリウムの溶解度を表している。

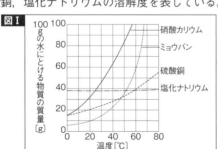

図Ⅰ

よくでる ❹ 40℃の水100gにミョウバンを10.0g溶かした水溶液をつくった。ミョウバンをあと何g溶かすことができるか。最も適当なものを次の**ア～ウ**から1つ選べ。 〔長崎県〕

ア 3g **イ** 13g **ウ** 23g

---

❶再結晶

❷飽和水溶液

❸209.8g

解説 水200gに溶かすことに注意して，
$(168.8 - 63.9) \times \dfrac{200g}{100g} = 209.8[g]$
同じ温度であれば，溶ける物質の最大量は水の質量に比例する。

ポイント 水100gにとける物質の最大量を「溶解度」という。

❹イ

解説 40℃の溶解度は約23gなので，
$23.0 - 10.0 = 13.0[g]$

●❺〜❼は図Ⅰのグラフを使って解くこと。

よくでる ❺60℃の水100gが入った3つのビーカーに硝酸カリウム，ミョウバン，塩化ナトリウムをそれぞれ［　　　］gずつ溶かした。この3つの水溶液を15℃まで冷やしたところ，2つのビーカーで結晶が出てきた。［　　　］にあてはまる適切な値を，次の**ア〜エ**から1つ選びなさい。　〔長野県〕

ア 15　　**イ** 30　　**ウ** 45　　**エ** 60

❻50℃の水100gに硝酸カリウム40gを溶かした水溶液を冷やすとき，結晶が出はじめるのは何℃か。最も適当なものを，次の**ア〜エ**から1つ選べ。　〔福岡県〕

ア 40℃　　**イ** 33℃
ウ 30℃　　**エ** 26℃

❼60℃の水100gを入れたビーカーを2つ用意し，それぞれに硝酸カリウムと硫酸銅を30gずつとかした。水溶液を20℃まで冷やしたとき，結晶が出てこないのはどちらか。また，結晶が出てこない水溶液には，溶質をあと何g溶かすことができるか。正しい組み合わせを，**ア〜エ**から1つ選べ。〔沖縄県〕

ア 硝酸カリウムで，あと9gとける
イ 硝酸カリウムで，あと2gとける
ウ 硫酸銅で，あと9gとける
エ 硫酸銅で，あと2gとける

よくでる ❽塩化ナトリウム水溶液は，温度を下げても結晶がとり出しにくい。これは，温度が変わっても，溶解度が［　　　］ためである。
〔群馬県・改〕

❺**イ**

解説 15℃の水100gに溶ける最大量は硝酸カリウム約25g，ミョウバン約8g，塩化ナトリウム約37g。**ア**では硝酸カリウムと塩化ナトリウムの結晶ができず，**ウ**，**エ**では塩化ナトリウムをすべて溶かすことができない。

❻**エ**

解説 グラフを見ると，26℃付近で水100gに溶ける硝酸カリウムの最大量が40gとなる。

❼**イ**

解説 20℃の溶解度は硝酸カリウムが約32g，硫酸銅が約21gと読みとれるので，結晶が出てこないのは硝酸カリウムである。また，32－30＝2［g］をさらに溶かすことができる。

ポイント
溶液＝溶媒＋溶質
（例）砂糖水＝水＋砂糖

❽（例）ほとんど変わらない

生物

物理

化学

地学

イオンと電解質

❶物質が水溶液中で，陽イオンと陰イオンに分かれる現象。　　　　　　〔京都府・改〕

❶電離

❷水酸化ナトリウムが水溶液中で陽イオンと陰イオンに分離するときのようすを，イオン式を使って表しなさい。　　　〔三重県〕

❷$NaOH$
$→Na^+ + OH^-$

❸水に溶かしたとき電流が流れる物質を
[　ア　]，電流が流れない物質を[　イ　]
という。　　　　　　　　　　　　〔香川県〕

❸ア…電解質
イ…非電解質
解説 電解質は水溶液中で陽イオンと陰イオンに電離している。

よくでる ❹問題❸アの物質を，次のア〜エからすべて選べ。　　　　　　　　　　　　〔高知県〕
ア　塩化銅　　イ　エタノール
ウ　砂糖　　　エ　塩化水素

❹ア，エ
解説 塩化銅：$CuCl_2→$
$Cu^{2+}+2Cl^-$
塩化水素：$HCl→$
H^++Cl^-

❺次のア〜エのうち，−の電気をもっているものを1つ選べ。　　　　　　　〔栃木県〕
ア　陽子　　　イ　電子
ウ　原子核　　エ　中性子

❺イ
解説 陽子は＋の電気をもち，中性子は電気を帯びていない。
陽子と中性子の集まっている部分が原子核。

❻銅イオンは，問題❺の粒子を2個[　ア　]
できる[　イ　]イオンである。〔佐賀県・改〕

❻ア…失って
イ…陽

❼次のア〜エのうち，誤っているものを1つ選べ。　　　　　　　　　　〔茨城県・改〕
ア　電子の質量は陽子より大きい。
イ　原子全体では電気をもたない。
ウ　陽子1個と電子1個は同じ量の電気をもつ。
エ　原子の種類は陽子の数で決まる。

❼ア
解説 電子1個の質量は陽子1個の約$\frac{1}{1840}$である。原子1個あたりのもつ陽子の数を原子番号という。

水溶液の濃度

❶水40gに砂糖10gを溶かした砂糖水の質量パーセント濃度は何%か。 〔埼玉県〕

 よくでる ❷下の表は、ミョウバンの水100gに溶ける最大の質量と温度の関係を表したものである。60℃のミョウバンの飽和水溶液の質量パーセント濃度は何%か。小数第2位を四捨五入して小数第1位まで求めなさい。 〔静岡県〕

水の温度[℃]	0	30	60
ミョウバン[g]	5.7	16.5	57.5

❸5%の塩化ナトリウム水溶液を200gつくった。この水溶液には、水が何g含まれているか。 〔香川県〕

❹質量パーセント濃度10%の食塩水100gに水を加えて質量パーセント濃度が2%の食塩水をつくるとき、加える水は何gか。 〔茨城県〕

 思考力 ❺試験管に硝酸カリウム3gと10℃の水5gを入れてよくふり混ぜた。溶け残りがあったのでよくふり混ぜながら加熱したところ、60℃ではすべて溶けていた。60℃のときの硝酸カリウム水溶液の質量パーセント濃度は何%か。小数第1位を四捨五入して整数で答えなさい。 〔栃木県〕

❶20%

解説 $10 \div (10 + 40) \times 100 = 20$[%]

❷36.5%

解説 60℃の水100gに溶けるミョウバンは57.5gなので、$\frac{57.5}{57.5 + 100} \times 100 = 36.50\cdots \fallingdotseq 36.5$[%]

ポイント

水溶液の濃度 [%]

$= \dfrac{\text{溶質の質量[g]}}{\text{溶液の質量[g]}} \times 100$

❸190g

解説 $200\text{g} \times \dfrac{(100 - 5)}{100} = 190\text{g}$

❹400g

解説 10%食塩水100gに含まれる食塩は100g $\times 0.1 = 10$g。加える水を x[g]とすると、$\dfrac{10}{x + 100} \times 100 = 2$より、$x = 400$[g]になる。

❺38%

解説 5gの水に3gの硝酸カリウムが溶けた水溶液になる。$\dfrac{3\text{g}}{3\text{g} + 5\text{g}} \times 100 = 37.5$%

生物

物理

化学

地学

物質の状態変化

〔実験〕**図Ⅰ**のような装置で水30cm³とエタノール10cm³の混合物を，弱火で加熱した。**図Ⅱ**は，1分ごとの温度をグラフに表したものである。また，加熱を始めてから4分毎に試験管を交換した。表は，各試験管に集めた液体の体積と，集めた液体に火をつけたときのようすをまとめたものである。

<t* >ポイント</t*>

> **ポイント**
> 温度計の球部は枝付きフラスコの枝の高さに合わせる。

図Ⅰ　温度計／水とエタノールの混合物／枝付きフラスコ／試験管／ガスバーナー／沸騰石／氷水

図Ⅱ　温度〔℃〕／加熱時間〔分〕

A	8.3cm³	長くよく燃える。
B	4.6cm³	燃えない。
C	4.7cm³	あまり燃えない。
D	0.5cm³	よく燃える。

❶上記のようにして，混合物中の物質を分離する方法。　　　　　　　〔長崎県〕

❷上記の方法は，水とエタノールの[　　　]の違いを利用している。　〔群馬県〕

よくでる

❸沸騰石を入れるのは[　　　]を防ぐためである。　　　　　　　〔栃木県〕

❹試験管**A**にたくさん（多く）たまった物質は何か。　　　　　　〔埼玉県・改〕

❶蒸留

❷沸点
> **解説** エタノールの沸点は約78℃，水の沸点は100℃である。

❸急激な沸騰（突沸）
> **解説** 「突沸」とは急激に沸騰すること。

❹エタノール
（とごく少量の水の混合物）

よくでる ❺沸騰がはじまったのは，加熱を始めてから何分後と考えられるか。最も適当なものを，次の**ア**〜**エ**から1つ選べ。　〔栃木県〕

　ア　2分後　　**イ**　4分後
　ウ　8分後　　**エ**　12分後

❻表をもとに，試験管**A**〜**D**を集めた順に並べ，記号で答えなさい。　〔長崎県〕

❼図Ⅲは，固体の氷を一定の割合で加熱したときの時間と温度のようすを表している。液体の水が存在する部分を，**A**〜**E**のうちからすべて選べ。　〔高知県〕

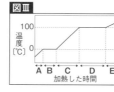

図Ⅲ

❽次の文章の**X**，**Y**に当てはまるものを次の**ア**〜**エ**から2つずつ選べ。　〔北海道・改〕

> 状態変化によって，物質をつくる分子の**X**[　　や　　]が変化するので，物質の体積は変化する。一方，**Y**[　　や　　]は変わらないので，質量は変わらない。

　ア　種類　　　　**イ**　運動のようす
　ウ　集まり方　　**エ**　数

思考力 ❾固体のロウ25.0gをビーカーに入れて加熱して液体にして，液面に印をつけた。ビーカーをゆっくり冷やして再び固体にしたところ，中央部がくぼんだ。また，固体のロウは水に浮いた。以上の結果から，「固体のロウ」「液体のロウ」「水」を，密度の大きい順に並べなさい。　〔島根県〕

---

❺**イ**

　解説 おもにエタノールの沸騰がはじまったと考えることができる。

❻D→A→C→B

❼B，C，D

　解説 **A**は氷のみ，**B**は氷＋水，**C**は水のみ，**D**は水＋水蒸気，**E**は水蒸気のみ。

❽X…**イ**，**ウ**
　Y…**ア**，**エ**
　（それぞれ順不同）
　ポイント

固体	液体	気体

❾水，固体のロウ，液体のロウ

　解説 密度について，固体のロウ＜水であり，液体のロウ＜固体のロウである。

生物

物理

化学

地学

111

気体

よくでる ❶次の文中の**ア〜ウ**に入る語を答えよ。

〔愛知県・改〕

> アンモニアは水に溶け[　**ア**　]く, 空気より
> [　**イ**　]ので, [　**ウ**　]法で集める。

よくでる ❷試験管に気体を集めるとき, 1本目の試験管に集まった気体は使わない。これは, 1本目の試験管には [　　　　] が多く含まれているからである。 〔三重県・改〕

❸安全に気体のにおいをかぐには, 直接かがずに, [　　　　] ようにする。 〔オリジナル〕

よくでる ❹次の**ア〜オ**のうち, 二酸化炭素が発生するものを1つ選べ。 〔新潟県〕

ア 二酸化マンガンにオキシドールを加える。
イ 亜鉛にうすい硫酸を加える。
ウ ベーキングパウダーを加熱する。
エ 塩化アンモニウムと水酸化カルシウムの混合物を加熱する。
オ 塩化銅水溶液を電気分解する。

❺酸素の性質として最も適当なものを, 次の**ア〜エ**から1つ選べ。 〔山口県〕

ア マッチの火を近づけると, 音を立てて気体が燃える。
イ 火のついた線香を気体の中に入れると, 線香が激しく燃える。
ウ 石灰水を白くにごらせる。
エ 無色で空気より軽く, 刺激臭がある。

---

❶**ア**…やす
　イ…軽い
　ウ…上方置換

ポイント 気体の捕集法

水に
├ とけにくい→水上置換
│　　　　　　O_2, H_2など
└ とけやすい→空気より
　├ 重い→下方置換
　│　　　　HClなど
　└ 軽い→上方置換
　　　　　NH_3など

❷(実験装置内の)空気

❸手であおぐ(あおぎよせる)

解説 刺激臭の気体は有害である。

❹**ウ**

解説 **ア**はO_2が発生, **イ** はH_2が発生, **エ**はNH_3が発生, **オ**はCl_2が発生。

❺**イ**

ポイント
酸素の性質は,
・無色, 無臭
・空気の約1.1倍の密度
・水にほとんど溶けない
・助燃性がある
解説 **ア**は水素, **ウ**は二酸化炭素, **エ**はアンモニアの性質である。

〔実験〕5つのペットボトル**A**～**E**には，アンモニア，水素，酸素，窒素，二酸化炭素のいずれかが入っている。それぞれについて，次のことがわかっている。

Bと**D**は同体積の空気より密度が大きく，**A**と**C**は同体積の空気より密度が小さい。**E**は同体積の空気と密度がほぼ等しく，大小関係がはっきりしなかった。

また，**C**と**D**は水に溶ける。

❻気体**E**は何か。 〔富山県〕

❼気体**D**の性質として最も適当なものを，問題❺の**ア**～**エ**から1つ選べ。 〔栃木県・改〕

❽気体**C**は何か。また，その気体であることを確かめるときに用いた操作と結果として適当なものを，次の**ア**～**エ**から1つ選べ。 〔富山県・改〕

ア 火のついた線香を入れると，火が消えた。

イ 石灰水に通すと，白くにごった。

ウ 水でぬらした青色リトマス紙を近づけると，赤色になった。

エ 水でぬらした赤色リトマス紙を近づけると，青色になった。

よくでる ❾図**Ⅰ**のような装置をつくり，スポイトで水を入れると，ビーカーの水が吸い上げられ，吹きあがった。これは，アンモニアが〔 **ア** 〕，丸底フラスコ内の圧力が〔 **イ** 〕なったからである。 〔高知県・改〕

図**Ⅰ**
アンモニア
丸底フラスコ
水の入ったスポイト
ビーカー
フェノールフタレイン溶液を数滴加えた水
ガラス管

解説 空気との密度の比較

A	B	C	D	E
軽	重	軽	重	ほぼ
↓	↓	とける	とける	ゼロ
H_2	O_2	NH_3	CO_2	窒素

ポイント 二酸化炭素の性質

・無色，無臭
・空気の約1.5倍の密度
・水に少し溶ける
・石灰水を白くにごらせる

❻窒素

❼**ウ**

❽**C**…アンモニア
操作…**エ**

解説 その他に「においをかぐと，特有の刺激臭があった。」などがある。

❾**ア**…水に溶けて
イ…低く

解説 アンモニアや塩化水素は水に非常によく溶ける。

生物
物理
化学
地学

113

実験器具

❶元栓を開き，コックを開いたあとのガスバーナーの点火手順として正しくなるように，下の**ア**〜**ウ**を並べ替えなさい。　　〔山口県〕
ア　空気調節ねじをゆるめる。
イ　マッチに火をつけて，ガスバーナーの先端部分に近づける。
ウ　ガス調節ねじをゆるめる。

 よくでる ❷図Ⅰで，ガスバーナーの炎が赤色になっているとき，ガスの量を変えずに炎を青色にするには，どのように操作すればよいか。次の**ア**〜**エ**から1つ選べ。

図Ⅰ

赤い炎　ガスバーナー　X　Y　ねじA　ねじB
〔愛媛県・改〕

ア　ねじ**A**だけを**X**の向きに回す。
イ　ねじ**A**だけを**Y**の向きに回す。
ウ　ねじ**B**だけを**X**の向きに回す。
エ　ねじ**B**だけを**Y**の向きに回す。

❸メスシリンダーの目盛りを正しく読み取るには，[**ア**　水面の上から　**イ**　水面の高さから　**ウ**　水面の下から]見る。
〔富山県・改〕

 よくでる ❹図Ⅱの目盛りを読み取りなさい。　〔埼玉県〕

図Ⅱ

40cm³
30cm³

---

❶**イ→ウ→ア**

ポイント
ガスバーナーの使い方
①元栓→コックを開く
②マッチに火をつける
③ガス調整ねじを開き点火し，炎の大きさを調整
④空気調整ねじを開き炎の色を調整

❷**ア**

解説 空気の量が不足しているので，空気調節ねじを開く。
空気の量が不足しているときの炎の色→赤色。
空気の量が十分であるときの炎の色→青色。

❸**イ**

❹**34.5cm³**

解説 目分量で最小目盛りの$\frac{1}{10}$まで読むようにする。

❺こまごめピペットの正しい持ち方を，次の
　ア〜エから1つ選べ。　〔長崎県〕

ア 　　**イ**

ウ 　　**エ**

❻ろ過のしかたとして正しいものを，次の**ア
　〜エ**から1つ選びなさい。　〔奈良県〕

ア 　**イ** 　**ウ** 　**エ**

❼上皿てんびんが
　図Ⅲの状態でつ
　り合った。砂糖
　の質量は何gか。
　〔富山県〕

図Ⅲ
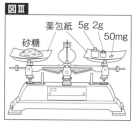
薬包紙 5g 2g
50mg
砂糖

❽電子てんびんで砂糖を*X*gはかりとるときの
　使い方として正しくなるよう，次の**ア〜エ**
　を並べ替えなさい。　〔石川県〕
　ア　薬包紙をのせる。
　イ　0点スイッチを押して，表示を0.00gにする。
　ウ　水平な台の上に置き，電源を入れる。
　エ　表示が*X*gになるように砂糖をのせる。

❺**イ**

❻**ウ**

　解説 ガラス棒を用い
　る，ろうとのあしの部分
　をビーカーのかべにつ
　けるなどしてろ過する。

長い方を
ビーカーの
かべにつける

❼**7.05g**

　解説 5g + 2g + 0.05g
　= 7.05g

　ポイント
　針が目盛りの中央から
　等しく左右にふれると
　き，つり合っていると
　考える。

❽**ウ→ア→イ→エ**

プラスチックの性質

以下の問題で物質および水溶液の密度は次の値を用いる。

種類	密度[g/cm³]
ポリエチレン	0.95
ポリ塩化ビニル	1.5
ポリスチレン	1.06
ポリプロピレン	0.91
水	1.00
エタノール	0.79
飽和食塩水	1.21

ポイント プラスチックはすべて有機物。微生物によって分解される生分解性プラスチックは，環境への負荷が比較的小さい。

❶2種類のプラスチック片 **A・B** について，水，エタノール，飽和食塩水に対する浮き沈みを調べたところ，次のようになった。

	水	エタノール	飽和食塩水
A	沈んだ	沈んだ	浮いた
B	沈んだ	沈んだ	沈んだ

A・B はそれぞれ何か。表から1つずつ選べ。

〔富山県・改〕

❶A：ポリスチレン
B：ポリ塩化ビニル
解説 **A** は水に沈み，飽和食塩水に浮くので，密度が1.00g/cm³より大きく，1.21g/cm³より小さい。飽和食塩水にも沈む **B** はポリ塩化ビニル。

よくでる ❷ポリエチレン片の水とエタノールに対する浮き沈みについて正しいものを次の**ア～エ**から1つ選べ。　〔山口県〕

　ア 水にもエタノールにも浮く。
　イ 水に沈み，エタノールに浮く。
　ウ 水に浮き，エタノールに沈む。
　エ 水にもエタノールにも沈む。

❷ウ
解説 ポリエチレンの密度はエタノールより大きく，水より小さい。

よくでる ❸質量が21.0g，体積が14.0cm³のプラスチックの種類を，表から1つ選べ。　〔岐阜県〕

❸ポリ塩化ビニル
解説 密度は
21.0〔g〕÷14.0〔cm³〕=1.5〔g/cm³〕

発熱反応・吸熱反応

❶試験管の中に鉄粉と硫黄の混合物を入れて，ガスバーナーで加熱し，色が赤く変わり始めたところで加熱をやめた。いったん反応が始まると，加熱をやめても反応が続いた。これは，反応によって生じた［　　　］が次の反応を引き起こしたからである。　〔石川県・改〕

〔実験〕**図Ⅰ**のように，水酸化バリウムの粉末と塩化アンモニウムの粉末を試験管に入れ，少量の水を加えたあと，水でぬらした脱脂綿ですばやくふたをした。温度計を見たところ，温度が下がった。

図Ⅰ
温度計　水
水酸化バリウム
塩化アンモニウム

❷次の文中の**a**，**b**に当てはまる語の組み合わせを，表の**ア〜エ**から1つ選べ。　〔佐賀県〕

これは，［　**a**　］する［　**b**　］反応である。

	a	b
ア	熱を周囲に放出	発熱
イ	熱を周囲に放出	吸熱
ウ	周囲の熱を吸収	発熱
エ	周囲の熱を吸収	吸熱

❸次の文中の**X**，**Y**に当てはまる語を答えよ。ただし，**X**には物質名を答えなさい。

水でぬらした脱脂綿でふたをしたのは，発生した［　**X**　］が［　**Y**　］という性質をもつためである。

〔群馬県・改〕

---

❶**熱**

ポイント

発熱反応→まわりに熱を放出する反応
吸熱反応→まわりから熱を奪う反応
この反応以外にも，物質の燃焼や，水溶液の中和は発熱反応である。

解説 反応式
$Ba(OH)_2 + 2NH_4Cl$
$\rightarrow 2NH_3 + 2H_2O + BaCl_2$

---

❷**エ**

解説 吸熱反応では周囲の温度が下がる。

---

❸**X**…アンモニア
Y…水に溶けやすい

生物
物理
化学
地学

新傾向問題

表は，固体と液体の密度（g/cm³）を表している。以下の問題では，表のいずれかの物質を用いた。

固体	密度[g/cm³]	液体	密度[g/cm³]
氷(0℃)	0.92	水	1.00
ろう	0.88	エタノール	0.79
ポリスチレン	1.06	食用油	0.91
アルミニウム	2.70	飽和食塩水	1.20

❶固体Aでできた1辺2.0cmの立方体の質量をはかったところ，7.36gであった。固体Aは何か。表の固体から1つ選べ。

〔兵庫県・改〕

❷固体Aを液体Bに入れると，固体Aは沈んだ。また，液体Bに，それより密度の大きい液体Cを加えたところ，混じりあった。液体Bは何か。表の液体から1つ選べ。

〔兵庫県・改〕

 思考力

❸ポリスチレンでできたブロックと2種類の液体をビーカーに入れると，**図Ⅰ**のように液体が2層になり，その間にブロックが浮かんだ。このとき使用した2種類の液体は，上から順に何と何か。表の液体から2つ選べ。ただしポリスチレンの密度は上の表の値とする。

図Ⅰ

〔兵庫県・改〕

ポイント
密度を求めて物質を特定する。

❶氷

解説 Aの密度は
7.36g÷8cm³
＝0.92g/cm³

❷エタノール

解説 固体Aが沈むから，液体Bはエタノールか食用油。液体Bが食用油なら液体Cは飽和食塩水か水だが，これらは混じりあわない。

❸食用油，飽和食塩水

解説 2種類の液体は混じりあわず，上層の液体の密度はポリスチレンの密度より小さく，下層の液体の密度はポリスチレンの密度より大きい。

第4章

地学分野

天体の運動

❶ある日の21時ごろ，さそり座が南の空に見えた。1か月後の同時刻にもう一度さそり座を観察したところ，[**ア**]の方向に[**イ**]度移動していた。〔和歌山県・改〕

 よくでる ❷ある日の21時に北の空を観測したところ，図Ⅰのように北極星と恒星**X**が見えた。4時間後に恒星**X**が見える位置を，図ⅠのＡ～Ｄから1つ選べ。〔香川県・改〕

図Ⅰ

B　恒星X
A　約約約　C
30°30°30°
約30° D

北極星

❸時刻によって星の見える位置が変わって見えるのは，地球の[　　　]のため。〔長野県〕

●図Ⅰの観察から30日後に，同じ位置で北の空を観察した。

❹21時に恒星**X**が見える位置を，図ⅠのＡ～Ｄから1つ選べ。〔東京都〕

❺図Ⅰの位置に恒星**X**が見える時刻は何時ごろか。〔香川県・改〕

 差がつく ❻ある恒星**Y**は，4月30日の21時に真西の地平線に沈む。同じ場所で見たとき，この恒星**Y**が2時に沈むのは，何月ごろか。〔大阪府〕

---

❶ア…西
　イ…30

　解説 南の星は1時間で15°東→西に動くように見える。また，1か月後の同時刻に30°東→西に動くように見える。

❷A

　解説 北の空の星は1時間に15°ずつ北極星を中心に反時計回りに移動して見える。
　(例) 北斗七星，カシオペヤ座など

❸自転

　解説 地球は1時間で15°，北極点上から見て反時計回りに自転する。

❹B

❺19(午後7)時
　解説 星が同じ位置にくる時刻は，1か月に2時間早くなる。

❻2月
　解説

$\dfrac{4}{30}$　　　　21:00

－75° ↓ －2.5ヶ月　　＋75° ↓ ＋5h

$\dfrac{2}{15}$　　　　2:00

●**図Ⅱ**は，太陽のまわりを公転する地球と季節ごとに見えるおもな星座を表したもので，**A**〜**D**は春分，夏至，秋分，冬至のいずれかの日の地球の位置を示している。

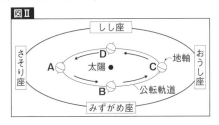

図Ⅱ

解説 地軸の北極点側を太陽の方に向けているときが夏至の日である。

ポイント
地球の公転の方向は，北極側から見て反時計回り。

生物

物理

化学

地学

よくでる ❼**図Ⅱ**で地球が**B**の位置にあるとき，日没直後の南の空に見られる星座として最も適当なものを，次の**ア**〜**エ**から1つ選べ。
〔新潟県〕

ア みずがめ座　　**イ** おうし座
ウ しし座　　　**エ** さそり座

❽**図Ⅱ**で，春分の日の真夜中頃に西の空に沈んでいく星座として最も適当なものを，次の**ア**〜**エ**から1つ選べ。
〔青森県〕

ア みずがめ座　　**イ** おうし座
ウ しし座　　　**エ** さそり座

差がつく ❾次の文の〔 **ア** 〕，〔 **イ** 〕に入る地球の位置として適当なものを，**図Ⅱ**の**A**〜**D**からそれぞれ1つずつ選べ。
〔沖縄県〕

真夜中にしし座が南中するのは，地球が〔 **ア** 〕の位置にあるときと考えられる。
しし座が日没直後に南中するときの地球の位置は〔 **イ** 〕である。

❼**エ**

Bの地球

❽**イ**

解説 **図Ⅱ**で，春分の日の地球は**D**。

❾**ア**…**D**
イ…**A**

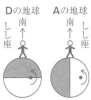

Dの地球　　**A**の地球

121

⓾地球が**図Ⅱ**の**B**の位置にあるとき，地球からしし座を見ることはできない。これは，しし座が［　**ア**　］と同じ［　**イ**　］にあるためである。　〔富山県・改〕

⓫ある年の9月13日の19時に北の空に北極星と星座**A**が**図Ⅲ**のように見えた。この年の12月13日22時に同じ場所で北の空を観察したとき，星座**A**のおよその位置を，**図Ⅳ**の**ア〜エ**から1つ選べ。　〔宮城県〕

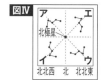

⓬地球が所属している，半径約5万光年の，多数の恒星からなる集団の名称。　〔石川県〕

⓭問題⓬の集団についての説明として誤ったものを，次の**ア〜エ**から1つ選べ。

〔徳島県〕

ア　恒星が約2000億個ある。

イ　中心部に太陽系がある。

ウ　地球からは天の川として見える。

エ　同じような恒星の集団は無数にある。

⓾**ア**…太陽

イ…方向

⓫**ア**

解説

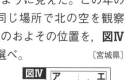

⓬銀河系

解説　1光年は光が1年間に進む距離のことである。

⓭**イ**

入試で差がつくポイント

Q 2月13日の20時に，函館市（北緯42°，東経141°）で恒星Zが真南の方向に見えた。糸満市（北緯26°，東経128°）で20時に恒星Zが真南の方向に見えるのは，何月何日ごろか。　〔長野県・改〕

A 2月26日ごろ

解説　函館市を基準にすると，同時刻に見える星の位置は，糸満市の方が13°だけ東にずれている。同じ時刻に見える星の位置は，1日に約1°西に移動するので，糸満市で20時に恒星Zが真南の方向に見えるのは，2月13日からおよそ13日後。

太陽の運動

〔実験〕**図 I** のような透明半球を用いて, 春分の日に, 北緯36.4°の地点 **X** で, 午前9時から午後5時まで1時間ごとに, 天球上での太陽の位置を・印で記録した。・印をなめらかな曲線で結び, その線を透明半球のふちまでのばした。

図 I

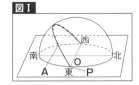

よくでる **❶** 透明半球に太陽の位置を記録するとき, フェルトペンの先端の影は, **図 I** のどこにくるようにするか。 〔徳島県・改〕

よくでる **❷** **図 I** に見られるような太陽の動きは, 地球の [**ア**] という運動によって起こる見かけの動きであり, このような太陽の1日の動きを, 太陽の [**イ**] という。 〔熊本県〕

❸ 太陽の南中高度を表したものを, **図 II** の**ア**〜**ウ**から1つ選べ。 〔岐阜県〕

図 II

差がつく **❹** 北緯36.4°の地点 **X** において, 夏至の日の太陽の南中高度は何度か。ただし, 地軸の傾きは23.4°であるものとする。 〔富山県〕

ポイント
南半球の場合, 太陽は東からのぼり, 北の空を通って西へ沈む。

❶O 点

解説 そのときのペン先の位置が透明半球上の太陽の位置となる。

❷ア…自転
イ…日周運動

解説 太陽の日周運動東→西へ1時間で15°動くように見える。

❸ア

解説 地平線と太陽光線のなす角度が太陽高度である。

棒のかげ

❹77°

解説 南中高度の式
夏至の日：90°−緯度＋23.4°（地軸の傾き）
冬至の日：90°−緯度−23.4°（地軸の傾き）
春分の日・秋分の日：
90°−緯度

よくでる ❺図Ⅰで，・印の間の弧の長さは，いずれも3.0cmであった。また，**P**点から**A**点までの弧の長さは11.5cmであった。日の出の時刻は何時何分か。24時間制で答えなさい。

〔高知県〕

❻夏至から冬至にかけて，南中高度と日の出・日の入りの位置はそれぞれどのようになるか。最も適当なものを，次の**ア**〜**エ**から1つ選べ。 〔徳島県・改〕

	南中高度	日の出・日の入りの位置
ア	高くなる	北へ移動する
イ	高くなる	南へ移動する
ウ	低くなる	北へ移動する
エ	低くなる	南へ移動する

❼夏至の日と冬至の日では，昼の長さが違う。これは，地球が地軸を〔　　　〕から66.6°傾けて公転しているからである。〔福岡県・改〕

❽天球上における太陽の通り道の名称。

〔福井県〕

❾太陽は，問題❽の通り道をどちら向きに移動するか。**ア**・**イ**から1つ選べ。
　ア　東から西　　**イ**　西から東　〔愛媛県〕

---

❺5時10分

解説 弧の長さは時間に比例する。
1時間で3.0cm動くので3.0：11.5＝60分：x，x＝230分より，日の出は**A**点（午前9時）の230分前。

❻エ

解説

春分・秋分　夏至
冬至
南
日の出の位置

❼公転面

解説

23.4°
66.6° 公転面
太陽
地軸

❽黄道

❾イ

解説

地球

 入試で差がつくポイント

Q 赤道上のある地点で，春分の日の太陽の動きを記録すると，軌跡はどのようになるか。**図Ⅲ**になめらかな線でかき入れなさい。 〔岐阜県〕

A （右図）

解説 春分の日（秋分の日）の太陽の南中高度は，90°－緯度で求まる。
赤道の緯度は0°なので，南中高度は90°になる。

図Ⅲ
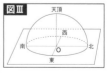
天頂
西
南　　　北
東

〔実験〕太陽投影板をとりつけた天体望遠鏡を用いて，同じ時刻と場所で日を変えて2回，太陽の観察を行った。太陽投影板に映った太陽の像が，記録用紙にかいた円と同じ大きさではっきり見えるようにした。それぞれの日に，太陽の表面に見られた黒いしみのようなもの**X**の形と位置を，**図Ⅳ**のようにスケッチした。

図Ⅳ
 ⇨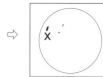

ポイント 黒点→まわりより温度の低いところ（約4000～4500℃）黒点の動きから太陽は自転していることがわかる

❿**X**の名称。 〔和歌山県〕

❿黒点

⓫**X**の特徴として適当なものを，次の**ア～エ**から2つ選べ。 〔京都府〕
　ア　まわりに比べて温度が高い。
　イ　まわりに比べて温度が低い。
　ウ　時間が経過すると数が変化する。
　エ　時間が経過しても数が一定である。

⓫**イ，ウ**
　解説 観測した2日では同じ数だが，長期的には増減する。

よくでる ⓬観察を続けると，太陽の像は時間とともに西へずれていく。これは〔　**X**　〕が〔　**Y**　〕しているためである。 〔高知県・改〕

⓬**X**…地球
　Y…自転
　解説 太陽の日周運動のことで，地球の自転が原因である。

⓭**図Ⅳ**のように**X**が移動していることから，太陽が〔　　　〕していることがわかる。 〔岡山県・改〕

⓭自転

思考力 ⓮**図Ⅳ**からは，太陽が球形であることもわかる。その理由を簡単に説明しなさい。 〔沖縄県〕

⓮**X**が円形からだ円形に変化したから。

生物
物理
化学
地学

125

岩石の分類, 化石

●図Ⅰは, 理科室にある岩石**A**, **B**を顕微鏡で観察し, スケッチしたものである。

図Ⅰ

A　P / a / b

B

❶岩石**A**に見られる**a**や**b**のような, 比較的大きな鉱物の結晶の名称。　〔島根県〕

よくでる ❷岩石**A**で, ❶をとり巻く小さな粒の部分**P**の名称。　〔三重県〕

❸岩石**A**のようなつくりの名称。　〔群馬県〕

❹岩石**B**のようなつくりの名称。　〔滋賀県〕

よくでる ❺岩石**A**は, マグマが[　**ア**　]で[　**イ**　]冷えて固まってできたので, 問題❸のつくりになる。岩石**B**は, マグマが[　**ウ**　]で[　**エ**　]冷えて固まってできたので, 問題❹のつくりになる。　〔島根県・改〕

差がつく ❻岩石**B**は, 無色鉱物のセキエイやチョウ石を多く含み, 有色鉱物のクロウンモも見られる。岩石**B**として最も適当なものを, 次の**ア**～**エ**から1つ選べ。　〔島根県〕
　　ア　流紋岩　　　　**イ**　玄武岩
　　ウ　はんれい岩　**エ**　花こう岩

ポイント 火成岩は大きく次の2つに分かれる。
火山岩…斑状組織, マグマが急に冷えた
深成岩…等粒状組織, マグマがゆっくり冷えた

❶斑晶

❷石基

❸斑状組織
解説 マグマが急に冷えてできたためすでにできていた鉱物の周囲が石基となる。

❹等粒状組織
解説 マグマがゆっくり冷えたため大きな結晶ができる。

❺ア…地表(や地表近く)
　イ…急に
　ウ…地下深く
　エ…ゆっくり(長時間かけて)

❻エ

白 ←――→ 黒		
深成岩	花こう岩　せん緑岩　はんれい岩	
火山岩	流紋岩　安山岩　玄武岩	

石英・黒ウンモ含む
※長石はすべての火成岩に含まれる

よくでる ❼図Ⅱは，火成岩と堆積岩を区別するための調べ方を表している。図中の**a**～**d**に当てはまるものを，あとの**ア**～**エ**からそれぞれ1つ選べ。　〔群馬県〕

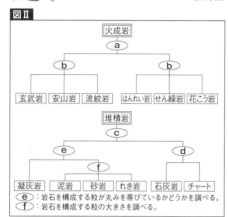

図Ⅱ

ア 無色鉱物の割合がどれくらいか。
イ 生物の遺がいなどが含まれているか。
ウ 塩酸をかけて，気体が発生するか。
エ 鉱物が，形が分からないほど小さい粒の間に，散らばって見えるかどうか。

❽火山の噴火によって噴出した火山灰などが堆積した後，固まってできた岩石として最も適当なものを，次の**ア**～**カ**から1つ選びなさい。　〔三重県〕

ア れき岩　**イ** 砂岩　**ウ** 泥岩
エ 石灰岩　**オ** 凝灰岩　**カ** チャート

差がつく ❾堆積岩**X**は，鉄の釘で引っかいても傷がつかず，岩石用ハンマーでたたくと火花が出てはね返され，うすい塩酸をかけても反応がなかった。堆積岩**X**は何か。問題❽の**ア**～**カ**から1つ選べ。　〔福島県・改〕

❼a…**エ**
　b…**ア**
　c…**イ**
　d…**ウ**
解説
・石灰岩
→サンゴやフズリナの死がいが押し固められてできた。塩酸をかけるとCO_2を発生。
・チャート
→ケイソウ，ホウサンチュウの死がいが押し固められてできた。
・凝灰岩
→火山灰が押し固められてできた。

❽**オ**
解説 小さな穴が開いていることが多い。粒子は角張っている。

❾**カ**
解説 チャートは火打石に使われる。

❿ ある地層をつくる岩石**Y**は，粒の細かい白い岩石で，うすい塩酸をかけると泡を出しながら溶けた。岩石**Y**の名称とでき方の組み合わせとして適切なものを，次の**ア**〜**エ**から1つ選べ。　〔東京都〕

	名称	でき方
ア	チャート	軽石や火山灰が海底に堆積してできた。
イ	チャート	生物の遺がいが海底に堆積してできた。
ウ	石灰岩	軽石や火山灰が海底に堆積してできた。
エ	石灰岩	生物の遺がいが海底に堆積してできた。

 よくでる **⓫** ビカリアの化石が見つかった地層が堆積した年代として最も適当なものを，次の**ア**〜**ウ**から1つ選べ。　〔富山県〕

ア 古生代　　**イ** 中生代　　**ウ** 新生代

⓬ 恐竜と同じ地質年代に生きた生物として最も適当なものを，次の**ア**〜**エ**から1つ選べ。

〔岩手県・改〕

ア アンモナイト　　**イ** サンヨウチュウ

ウ ナウマンゾウ　　**エ** ビカリア

 よくでる **⓭** 問題**⓫**のように，地層の堆積した年代を決めるのに役立つ化石の名称。　〔佐賀県〕

 よくでる **⓮** サンゴの化石が堆積した当時の海の環境として適当なものを，次の**ア**〜**エ**から2つ選べ。　〔山口県〕

ア 冷たい　　**イ** あたたかい

ウ 浅い　　**エ** 深い

---

❿エ

> **解説** 石灰岩はサンゴなどの生物の遺がいが堆積してでき，うすい塩酸をかけると二酸化炭素を発生しながら溶ける。チャートはケイソウ・ホウサンチュウなどの生物の遺がいが堆積してできるが，とても硬く，うすい塩酸をかけても溶けない。

⓫ウ

⓬ア

> **解説** 古生代…サンヨウチュウ，フズリナ
> 中生代…アンモナイト，恐竜
> 新生代…ナウマンゾウ，マンモス，ビカリア

⓭示準化石

> **ポイント**
> 限られた年代のみ生息し，広く分布した生物が多い。標準化石ともいう。

⓮イ，ウ

> **解説** 示相化石…当時の環境を知る
> サンゴ→暖かく浅い海
> ホタテ→寒冷な海
> アサリ，ハマグリ→浅い海
> シジミ→汽水

●火山灰に含まれている鉱物を調べるために，黒っぽい火山灰**A**と白っぽい火山灰**B**を，観察しやすくするために［　　　］あと，双眼実体顕微鏡で観察し，**図Ⅲ**，**Ⅳ**のようにスケッチした。

図Ⅲ
0.5mm a b

図Ⅳ
c d
0.5mm

よくでる ⑮［　　　］に当てはまる操作として最も適当なものを，次の**ア**～**エ**から1つ選べ。〔宮城県〕

ア 蒸発皿に火山灰を入れ，水を加えて，指で押し洗いをした

イ スライドガラスに火山灰をのせ，酢酸カーミン液をたらした

ウ ステンレス皿に火山灰をのせ，ガスバーナーで加熱した

エ 乳鉢に火山灰を入れ，乳棒を使ってすりつぶした

差がつく ⑯次の文章中の［　**X**　］，［　**Y**　］に当てはまる鉱物の正しい組み合わせを，あとの**ア**～**エ**から1つ選べ。〔福岡県〕

> **図Ⅲ**の**a**は，こい緑色で長い柱状なので［　**X**　］であり，**b**は白色の柱状なので［　**Y**　］である。**図Ⅳ**の**c**は**b**と同じで，**d**は黒色で板状なのでクロウンモである。

ア **X**…カンラン石　　**Y**…セキエイ
イ **X**…キ石　　　　　**Y**…セキエイ
ウ **X**…カンラン石　　**Y**…チョウ石
エ **X**…カクセン石　　**Y**…チョウ石

⑮**ア**

解説 鉱物を調べるときは水を加え押し洗いする。→鉱物がつぶれないように洗うため。

⑯**エ**

解説 カンラン石→短い柱状，黄緑～褐色。キ石→短い柱状，緑色～褐色。黒雲母→黒くうすく，はがれやすい。｝有色鉱物

セキエイ→透明で固い。長石→白く，決まった向きに割れる。｝無色鉱物

生物

物理

化学

地学

地層とそのでき方

●図Ⅰは，あるがけの地層をスケッチしたもので，Aはれき岩，Bは砂岩からなっていて，凝灰岩の層が地層の間にふくまれていた。また，Cは泥岩の層である。なお，地層に逆転はないものとする。

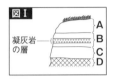

図Ⅰ
凝灰岩の層
A
B
C
D

ポイント 「地層に逆転はない」というのは，「古いものの順に下から重なっている」という意味。

❶下線部は，地層の広がりを知る手がかりになる。このような目印になる特徴的な地層。
〔北海道〕

❶かぎ層

❷れき，砂，泥のうち，河口から最も離れた海岸に堆積するものはどれか。
〔茨城県〕

❷泥

❸長い年月のうちに，岩石が気温の変化や風雨にさらされてもろくなる現象。
〔和歌山県〕

❸風化

 よくでる ❹C，B，Aが堆積した期間に，この地域の海の深さはどのように変化したと考えられるか。
〔茨城県〕

❹しだいに浅くなった

解説 泥→砂→れきの順に堆積しているので水深は浅くなっている。

 よくでる ❺下線部の層があることから推定できることとして最も適当なものを，次のア〜エから1つ選べ。
〔愛媛県〕
ア　火山が噴火した。
イ　川が流れていた。
ウ　地震が起こった。
エ　土砂くずれが起こった。

❺ア

解説 凝灰岩は，火山灰が積もって押し固められてできる。

●図ⅡのA～D地点でボーリング調査を行い，A，B，D地点の柱状図を図Ⅲのように表した。地図上で，A～D地点を結んでできる四角形は正方形であり，A地点はB地点から見て真北にある。また，この地域では断層やしゅう曲は見られず，地層はある方向が低くなるよう一定の割合で傾いている。

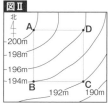

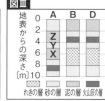

れきの層　砂の層　泥の層　火山灰の層

❻岩石をつくる，泥，砂，れきの区別をするときの基準は，粒の [　　　]。　〔愛媛県〕

❼次の文の空欄 [W]～[Y]に当てはまる数値と，空欄 [Z]に当てはまる方角（八方位）を，それぞれ答えなさい。
〔富山県・改〕

> A，B，Dの3か所で火山灰の層の標高を比較すると，AがBよりも[W]m高い。また，Aの火山灰の層の標高は191～192mであり，Dは[X]～[Y]mである。これらをまとめると，地層は[Z]方向が低くなっている。

❽C地点でボーリング調査を行うと，火山灰の層は地表から何m～何mの範囲にあると考えられるか。　〔富山県・改〕

ポイント ボーリング調査の計算→標高とかぎ層の位置が大切。

生物
物理
化学
地学

❻大きさ（直径）

直径2mm以上をれき直径$\frac{1}{16}$mm以下を泥とよぶ。

小 ←─粒子─→ 大
泥　砂　れき

❼W…1
X…192
Y…193
Z…南西

解説 南と西に下がっている。

A(200m)
北↔南
6m
B(194m)
2m　3m
火山灰の層の上面

A(200m)
西↔東
4m
D(196m)
4m　3m
火山灰の層の上面

❽0m～1m

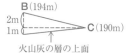

B(194m)
2m
1m
C(190m)
火山灰の層の上面

❾**図Ⅳの断層**は，地層のどの
向きに力がはたらいて，ど
の向きにずれて生じたと考
えられるか。次の**ア〜エ**か
ら最も適切なものを1つ選
べ。

図Ⅳ

〔石川県・改〕

ア 両側から引かれ，右側の層が下がった。
イ 両側から引かれ，右側の層が上がった。
ウ 両側から押され，右側の層が下がった。
エ 両側から押され，右側の層が上がった。

よくでる

❿ [　　　　] とは，地球の表面をおおう厚さ
100kmほどの板状の岩盤である。

〔オリジナル〕

⓫問題❿の岩盤上には，約2800万年の間に約
2400km移動した島がある。この岩盤の，1
年あたりの移動距離は，約何cmか。四捨
五入で小数第1位まで求めよ。 〔宮城県・改〕

⓬**図Ⅴ**の柱状図につ
いて，地層**W〜Z**
の堆積した時期に
ついて正しいと考
えられるものを，
次の**ア〜エ**から1

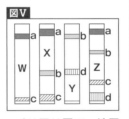
図Ⅴ

つ選べ。ただし，**a〜d**は同じ層で，地層
の逆転はないものとする。 〔福島県〕

ア 地層**W**は地層**X**より新しい。
イ 地層**W**は地層**Z**より古い。
ウ 地層**W**は地層**Y**より新しい。
エ 地層**Z**は地層**Y**より古い。

❾**エ**
解説 断層は横から大
きな力が急に加わり，
地層がずれたもの（逆
断層）。

❿プレート

⓫約8.6cm
解説 2400km ＝
240000000cm
240000000 ÷ 28000000
＝8.57…cm ≒ 8.6cm

⓬**ウ**
解説 **a〜d**の堆積順
は**d→c→b→a**であ
り，**Y→Z→X**の順に
堆積したことがわかる。
しかし，**W**は**Y**より新
しいことしかわからな
い。

地震とその伝わり方

よくでる ❶地震そのものの規模の大きさを表す尺度。
〔静岡県〕

❷問題❶の尺度が1.0大きくなると，地震のエネルギーは約 [　　　] 倍になる。
〔青森県・改〕

❸日本では，震度は [　　　] 段階に分類されている。
〔石川県〕

❹P波による小さなゆれの名称。 〔埼玉県〕

❺S波による大きなゆれの名称。 〔富山県〕

よくでる ❻P波が到達してからS波が到達するまでの時間。
〔佐賀県〕

❼図Ⅰは，地震計について模式的に表したものである。地震計が地震のゆれを記録できる理由として最も適当なものを，次のア～エから1つ選べ。
〔神奈川県〕

図Ⅰ

ばね
おもり
記録紙　針

ア　おもりも記録紙も動くから。
イ　おもりも記録紙も動かないから。
ウ　おもりは動き，記録紙は動かないから。
エ　おもりは動かず，記録紙は動くから。

---

❶マグニチュード

❷32
解説 マグニチュードは2.0大きくなると，エネルギーは1000倍となる。

❸10
解説 震度階級は，0，1，2，3，4，5弱，5強，6弱，6強，7に分かれる。

❹初期微動

❺主要動
解説 P波は縦波（ゆれ弱い）。S波は横波（ゆれ強い）。

❻初期微動継続時間（P－S時間）

❼エ
解説 地震計においては，おもりはほとんど動かない。

●図Ⅱの⑥〜⑧は，地点A〜Dにおけるある地震のP波が到達する直前からの地震計の記録のいずれかである。また，右の表は，地点A〜Dにおける問題⑥の時間をまとめたものである。なお，地震波の伝わる速さは一定であるものとする。

図Ⅱ

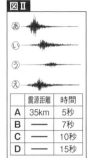

	震源距離	時間
A	35km	5秒
B	—	7秒
C	—	10秒
D	—	15秒

❽地点A〜Dのうち，震源からの距離が最も遠い地点はどこか。また，そのように考えた理由を説明しなさい。

〔長崎県〕

❾地点A〜Dとは異なる地点Xにおいて，問題⑥の時間は12秒であった。地点Xの震源からの距離は何kmと考えられるか。

〔佐賀県・改〕

よくでる

❿次の表は震源からの距離の異なる3地点A〜CでP波によるゆれが始まった時刻とS波によるゆれが始まった時刻を示したものである。表の空欄X，Yに当てはまる距離と時刻を求めよ。なお，地震波の伝わる速さは一定であるものとする。

〔福井県〕

地点	距離	P波	S波
A	24km	12時03分44秒	12時03分48秒
B	48km	12時03分48秒	12時03分56秒
C	[X]	[Y]	12時04分16秒

P−S時間と震源距離は比例である。

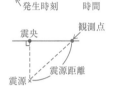

❽地点…D
理由…初期微動継続時間が最も長いから。

❾84km

解説 $70km : xkm = 10秒 : 12秒$より，$x = 84$〔km〕

❿X…108km
Y…12時3分58秒

解説 S波の速さは$(48km - 24km) \div 8s = 3$〔km/s〕で，S波はC地点にB地点より20秒遅れて届くことからXは$48km + 3km/s \times 20s$
P波の速さは$(48km - 24km) \div 4s = 6$〔km/s〕なので，12時03分48秒$+ (60km \div 6km/s)$

地震の発生，地震による災害

❶過去に地震を引き起こしており，今後も地震を起こす可能性がある断層の名称。

〔長崎県〕

❶活断層

❷次の文の空欄に当てはまる語の組み合わせとして適当なものを，下の**ア〜エ**から1つ選べ。

〔東京都・改〕

> [　**A**　]のプレートが日本列島付近で[　**B**　]のプレートの下に沈み込んでいるので，震源は[　**C**　]側で浅く，[　**D**　]側で深くなる。

	A	B	C	D
ア	海	陸	太平洋	大陸
イ	海	陸	大陸	太平洋
ウ	陸	海	太平洋	大陸
エ	陸	海	大陸	太平洋

❷ア

解説

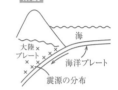

❸地震によって地面が急にやわらかくなる現象。

〔福井県〕

❸液状化（現象）

❹その地域で起こりうる自然災害について，予測される被害の範囲や程度が記された地図の名称。

〔長崎県〕

❹ハザードマップ

入試で差がつくポイント

Q 日本付近では，プレートの境界で地震が発生したときに津波が起こることが多い。その理由を簡潔に書きなさい。

〔佐賀県〕

A 例：海底で大陸プレートがはね上がり，持ち上げられた海水が押し寄せるため。

解説 陸のプレートの下に海のプレートが沈み込むとき，陸のプレートが巻き込まれてひずみができる。このひずみが限界を超えたとき，陸のプレートが崩れるとともにはね上がって地震が起こる。これが海溝型(プレート境界型)地震。

生物

物理

化学

地学

太陽系の惑星

❶太陽系の惑星は，図Iのように，A(◇)と
B(●)の2つのグループに分けられる。A・
Bの分類と主な構成物質の組み合わせとし
て正しいものを，下の**ア～エ**からそれぞれ
1つずつ選べ。　　　　　　　　　　〔和歌山県〕

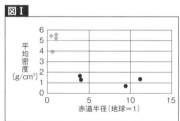

図I

	分類	主な構成物質
ア	地球型惑星	岩石や金属
イ	地球型惑星	水素やヘリウム
ウ	木星型惑星	岩石や金属
エ	木星型惑星	水素やヘリウム

よくでる ❷問題❶のAに属する惑星のうち，地球以外
の名称をすべて答えよ。　　　　　　〔島根県〕

よくでる ❸金星の公転軌道は地球の公転軌道よりも
[　　　]にあるため，地球からは真夜中に
金星を見ることはできない。　　〔京都府・改〕

❹金星の大気の主成分。　　　　　　〔大阪府・改〕

❺小惑星の多くは，どの範囲に分布するか。
次の**ア～エ**から1つ選べ。　　　〔京都府・改〕
　　ア　金星～地球間　　**イ**　地球～火星間
　　ウ　火星～木星間　　**エ**　木星～土星間

---

❶A…ア
　B…エ
　解説 赤道半径は地球
を1としているので，地
球が含まれるのはA。
Aのグループは密度の
大きな地球型惑星…水
星，金星，地球，火星
Bのグループは密度の
小さな木星型惑星…木
星，土星，天王星，海
王星

　ポイント 半径が最大
の惑星は木星，密度が
1より小さい惑星は土
星。

❷水星，金星，火星

❸内側
　ポイント
水星，金星は内惑星な
ので，真夜中には見え
ない。

❹二酸化炭素
　解説 金星の平均気温
が高い理由の一つに，
温室効果がある。

❺ウ

●**図Ⅱ**は，同じ年の8月1日と10月1日における金星，地球，火星の位置関係を表したものである。

図Ⅱ

金星の軌道
地球の軌道
太陽
8/1 10/1
10/1
8/1
8/1 10/1
火星の軌道
自転の向き

よくでる ❻8月1日に観測した金星の輝いて見える部分の形として最も適当なものを，次の**ア〜エ**から1つ選べ。　〔徳島県〕

ア　　　イ　　　ウ　　　エ

❼次の文中の**X**，**Y**について，正しいものを1つずつ選べ。　〔徳島県〕

> 10月1日に観測できる金星を，8月1日の観測結果と比べると，見かけの大きさは**X**（**ア**　大きく　**イ**　小さく）なり，日没から金星が地平線に沈むまでの時間は**Y**（**ウ**　長く　**エ**　短く）なる。

差がつく ❽8月1日の午後9時ごろ，火星を観察することができる方角として最も適当なものを，次の**ア〜エ**から1つ選べ。　〔鹿児島県〕

ア　北東　　　イ　北西
ウ　南東　　　エ　南西

❾10月1日の真夜中に，火星はどの方位に見えると考えられるか。東西南北のいずれかで答えよ。　〔徳島県・改〕

---

❻**ウ**

解説

金星
地球

❼**X…ア**
Y…エ

解説 地球と金星の距離が近くなるので，見かけの形は大きくなり，地球―金星と地球―太陽のなす角度（離角）が小さくなるので，沈むまでの時間は短くなる。

太陽
金星
離角
地球

❽**ウ**

解説 8月1日，火星はほぼ真夜中に南中する。火星も日周運動をするので，3時間前には，南東に見える。

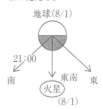

地球(8/1)
21:00
南　　東南　東
火星
(8/1)

❾**西**

日本の天気，前線と天気の変化

●図ⅠのA，Bは，日本の夏，冬のいずれか
の典型的な天気図である。

図Ⅰ

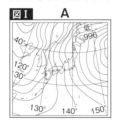

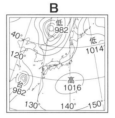

よくでる ❶図ⅠのA，Bの天気図となる季節の特徴を
説明した文を，次の**ア〜エ**から1つずつ選
べ。　〔富山県〕

　ア　太平洋高気圧が勢力を増し，日本の広
　　範囲をおおうようになる。

　イ　湿った気団の間に前線ができて，雨や
　　くもりの日が多くなる。

　ウ　低気圧と高気圧が次々に日本列島を通
　　るため，同じ天気が長く続かない。

　エ　大陸にある高気圧から北西の季節風が
　　ふく。

❶A…エ

B…ア

解説 Aは冬，Bは夏。
イは梅雨の時期，**ウ**は
春や秋の天気を表す。

よくでる ❷図ⅠのAのような気圧配置の名称。
〔沖縄県〕

❷西高東低

❸大陸上や海洋上にできる，気温や湿度がほ
ぼ一様になった大気のかたまり。　〔石川県〕

❸気団

❹問題❸の大気のかたまりのうち，日本の冬
の天気に強い影響を与えるものの名称。
〔長崎県〕

❹シベリア気団

❺問題❹の大気のかたまりの一般的な性質として正しいものを，次の**ア～エ**から1つ選べ。 〔宮城県〕

ア 冷たく乾燥している。
イ 冷たくしめっている。
ウ あたたかく乾燥している。
エ あたたかく湿っている。

❺ア
解説 シベリア気団は寒冷で乾燥している。夏に発達する小笠原気団は温暖で湿っている。

よくでる ❻日本海側の各地では，冬に多くの雪が降る。これは，日本海を流れる [**ア**] から多量の [**イ**] を供給された冬の季節風が，日本列島の山にぶつかって上昇することで，雲が発達するからである。 〔三重県・改〕

❻ア…暖流
イ…水蒸気
ポイント
山を越えた後の風は水分を残していくので乾燥している。

❼問題❻の雲は，[　　] 状である。 〔岡山県・改〕

❼すじ
解説 冬は日本海側にすじ状の雲が発達する。

❽夏に日本の南の海上にできる，あたたかくしめった性質をもつ大気のかたまりの名称。 〔三重県〕

❽小笠原気団

❾春や秋に日本上空で見られる，中緯度で発生し，前線をともなう低気圧の名称。 〔長野県〕

❾温帯低気圧

❿春や秋に日本付近を通過する高気圧の名称。 〔三重県〕

❿移動性高気圧
解説 揚子江気団から移動性高気圧が生まれ，その間に温帯低気圧ができる。

⓫北太平洋の熱帯地方のあたたかい海上で発生した熱帯低気圧のうち，最大風速が秒速17.2m以上になったものの名称。 〔北海道〕

⓫台風
解説 風力でいうと，8以上である。

●**図Ⅱ**は，日本付近を通る低気
圧の中心からのびた前線のよう
すを表したものである。

図Ⅱ
北
1000
低
Y
X

⑫次の文の**A～D**に当てはまる語の組み合わ
せを，下の**ア～エ**から1つ選べ。〔愛知県〕

> **図Ⅱ**の前線[**A**]では，暖気が寒気の上にはい
> 上がるように進んでいく。これに対して，前線[
> **B**]では，寒気が暖気を押し上げるように進ん
> でいく。また，[**A**]の前線付近には[**C**]
> が，[**B**]の前線付近には[**D**]が発生する
> ことが多い。

	A	B	C	D
ア	Y	X	積乱雲	乱層雲
イ	Y	X	乱層雲	積乱雲
ウ	X	Y	積乱雲	乱層雲
エ	X	Y	乱層雲	積乱雲

⑬**図Ⅱ**の**X**，**Y**に当てはまる記号を，次のア
～エから1つずつ選べ。〔茨城県・改〕

ア ━•━▲━•━▲━
イ ━▼━▼━▼━
ウ ━▲━▲━▲━
エ ━▲━▼━▲━▼━

⑭停滞前線を表す記号を，問題⑬の**ア～エ**か
ら1つ選べ。また，梅雨の時期にみられる
停滞前線をとくに何というか。〔三重県〕

⑮問題⑭の前線の北側，南側の気団の性質を，
次の**ア～エ**から1つずつ選べ。〔高知県〕
　ア　あたたかく，乾燥している。
　イ　あたたかく，しめっている。
　ウ　冷たく，乾燥している。
　エ　冷たく，しめっている。

⑫**イ**
　解説 低気圧の北側が
寒気，南側が暖気。

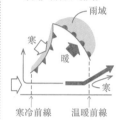

雨域
寒
暖
寒
寒冷前線　温暖前線

⑬X…**イ**
　Y…**ア**

⑭**エ**，梅雨前線
　ポイント
停滞前線は2種類の気
団の勢力が同程度のと
きにできる。

⑮北側…**エ**
　南側…**イ**
　解説

オホーツク海気団
冷　湿

暖　湿
小笠原気団

⓬図Ⅱの低気圧において，[**ア**]前線(**X**)
は[**イ**]前線(**Y**)より移動する速さが
速いので，追いついて重なり合い，[**ウ**]
前線ができる。　　　　　　　　　〔岐阜県〕

⓭図Ⅱの前線**X**が通過するのにともなって，
天気はどのように変化するか。次の**ア**〜**エ**
から1つ選べ。　　　　　　　　〔東京都・改〕
　ア　気温が急に下がり，雨が長時間降る。
　イ　雨が降り始め，気温が急に上がる。
　ウ　気温が急に下がり，雨が短時間降る。
　エ　雨がやみ，気温が急に上がる。

思考力　⓮図Ⅲのように水槽を
仕切り板で2つに分
け，片側は保冷剤を
入れて空気を冷やし，
線香の煙で満たした。

図Ⅲ

	仕切り板	
冷えた空気 (線香の煙で 満たしている)		冷えていない 空気
保冷剤		板

もう一方は冷えていない空気のままで，保
冷剤と高さをそろえるための板を置いた。
仕切り板を引き抜くと，冷えた空気はどの
ように進むか。次の**ア**〜**エ**から1つ選べ。
　　　　　　　　　　　　　　　　〔長崎県〕
　ア　反対側の空気を上下から包み込む。
　イ　反対側の空気の上にはい上がる。
　ウ　反対側の空気の下にもぐりこむ。
　エ　引き抜く前の場所にとどまる。

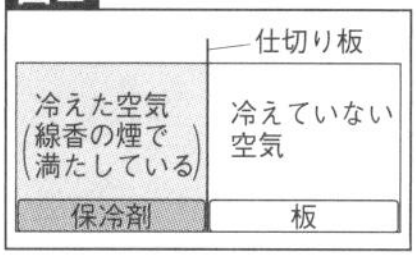

⓬**ア**…寒冷
　イ…温暖
　ウ…閉そく
解説

閉そく
前線

⓭**ウ**

ポイント
寒冷前線が通過
・気温が下がる
・短時間の激しい雨
・風向が北よりに変化
温暖前線が通過
・気温が上がる
・風向が南よりに変化

⓮**ウ**

解説

冷　　　暖

生物

物理

化学

地学

入試で差がつくポイント

Q　問題⓬の**ウ**の前線ができると，低気圧は衰退していくことが多い。その理由を，
「寒気」「上昇気流」という語を用いて簡単に書きなさい。　　　　　　〔静岡県〕

A　例：地上が寒気におおわれ，上昇気流が発生しにくくなるから。

湿度計算, 雲のでき方

●図Iの曲線は, 気温に対する飽和水蒸気量を表している。

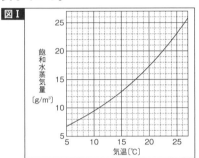

図I

縦軸: 飽和水蒸気量 [g/m³]
横軸: 気温 [℃]

ポイント

飽和水蒸気量[g/m³]
=1m³中に含むことのできる水蒸気の最大量
→気温が高いほど多い

（公式）湿度

$\dfrac{実際の水蒸気量}{温度での飽和水蒸気量} \times 100$

よくでる ❶空気中に含まれていた水蒸気が水滴となり始める温度。 〔大阪府〕

よくでる ❷気温19.7℃, 湿度52%のときの問題❶の温度として最も適当なものを, 次の**ア**～**オ**から1つ選べ。 〔岐阜県〕

ア 約9℃ **イ** 約11℃ **ウ** 約13℃
エ 約15℃ **オ** 約17℃

よくでる ❸気温11℃, 湿度25%のとき, 空気1m³あたりの水蒸気量は何gか。 〔埼玉県〕

思考力 ❹気温15℃, 湿度75%の空気を, 5℃まで冷やしたとき水滴となるのは, 空気1m³あたり何gか。ただし, 飽和水蒸気量は, 15℃で12.8g/m³, 5℃で6.8g/m³とする。 〔岡山県〕

❶露点

解説 含みきれなくなった水蒸気は水滴, 氷の粒となる→霧, 雨, 雪

❷ア

解説 気温19.7℃の飽和水蒸気量は約17g
実際に含まれる水蒸気量は
約17g×$\dfrac{52}{100}$=8.84g
これは約9℃で飽和となる。

❸2.5g

解説
$10 \times \dfrac{25}{100} = 2.5$
[g/m³]   [g/m³]

❹2.8g

解説 15℃での水蒸気量は, $12.8 \times \dfrac{75}{100} = 9.6$
(g/m³)
$9.6 - 6.8 = 2.8$ (g)

〔実験〕 室温20℃の理科室で, くみおきの水を金属製のコップに入れた。図Ⅱのように, コップの中の水をガラス棒でかき混ぜながら, ビーカーに入れた氷水を少しずつ加え, コップの表面に水滴がつき始めたとき, コップの中の水の温度は4℃であった。気温(℃)と飽和水蒸気量(g/m³)の関係を, 表に示す。

図Ⅱ
ガラス棒
ビーカー
温度計
氷水
金属製
のコップ

気温[℃]	4	8	12	16	20
飽和水蒸気量[g/m³]	6.4	8.3	10.7	13.6	17.3

❺ この実験で金属製のコップを用いるのは, 金属が熱を [　　　] 性質をもつため。

〔鹿児島県・改〕

 ❻ 理科室の湿度を小数第一位を四捨五入して求めよ。 〔新潟県〕

❼ この実験で見られた現象と同様な現象を, 次のア～エからすべて選べ。 〔群馬県〕

ア 寒い日に池の水が凍った。

イ 寒い日の早朝に霧が発生した。

ウ 熱いお茶から湯気が出た。

エ 寒い日に吐いた息が白くくもった。

❺(例)伝えやすい

解説 金属の性質
①電気をよく通す
②光沢がある
③力を加えるとのびる・広がる
④熱をよく伝える

❻37%

解説 空気1m³中に含む水蒸気は6.4g/m³
よって, $\frac{6.4}{17.3} \times 100 \fallingdotseq$ 36.99%

❼イ, ウ, エ

解説 水蒸気→水の状態変化のものを選ぶ。アは水→氷の状態変化である。

生物

物理

化学

地学

 入試で差がつくポイント

 Q 上の実験を行った理科室の空気の体積を200m³とする。この理科室で, 加湿器を運転したところ, 室温は20℃のままで, 湿度が60%になった。このとき, 加湿器が放出した水蒸気量は約何gか。十の位を四捨五入して整数で答えよ。

〔新潟県・改〕

A 約800g

解説 20℃で湿度が60%になるので, 1m³あたりの水蒸気量は, 17.3×0.6 = 10.38 (g/m³) 加湿する前の水蒸気量は6.4g/m³なので, 加湿器は空気1m³あたり, 10.38 − 6.4 = 3.98 (g/m³) の水蒸気を放出した。理科室の空気は200m³なので, 3.98×200 = 796 より, 約800g。

よくでる

❽ペットボトルに入れて密閉した空気を，25℃から20℃まで冷却したところ，途中で容器の内側が白くくもった。20℃のとき，容器内の湿度は何％になるか。　〔愛媛県〕

❽**100%**

解説 容器内に水滴→湿度100%

〔実験〕**図Ⅲ**のように，簡易真空容器にデジタル温度計と少し膨らませて口をとじたゴム風船を入れた。さらに中を少量の水でしめらせて，線香のけむりを入れてからふたをし，容器の空気をぬいたところ，容器内が白くくもった。

図Ⅲ

ピストン
簡易
真空容器
デジタル温度計　ゴム風船

ポイント

線香のけむりは空気中の水滴を集める核のはたらきをする。

❾この実験で，ゴム風船はどうなるか。
〔兵庫県・改〕

❾**ふくらむ**

解説 空気を抜くと容器内の気圧が下がり，風船がふくらむ。

❿次の文の**X**，**Y**にあてはまる語の組み合わせとして正しいものを1つ選べ。　〔岩手県〕

空気をぬくことで，容器の中は空気を[　**X**　]させたのと同じ状態になり，容器内の温度が[　**Y**　]した。

❿**イ**

解説 外との熱のやりとりがない場合，空気が膨張すると温度は下がる。空気が収縮すると温度は上がる。

	ア	イ	ウ	エ
X	膨張	膨張	収縮	収縮
Y	上昇	低下	上昇	低下

⓫容器内が白くくもったとき，水は[　**ア**　]体から[　**イ**　]体に状態変化した。
〔三重県・改〕

⓫**ア…気**
イ…液

解説 水蒸気は目に見えない。

⓬空気のかたまりが上昇すると，空気のかたまりに含まれている水蒸気量は［　**ア**　］が，飽和水蒸気量は［　**イ**　］。さらに上昇を続けると，ある高さで空気のかたまりの温度が［　**ウ**　］に達し，水滴が目に見えるようになる。これが雲である。〔沖縄県・改〕

⓭雲について説明した文として適切なものを，次の**ア**〜**エ**から1つ選べ。　〔兵庫県〕

　ア　空気が山の斜面にそって下降するとき，雲ができやすい。

　イ　太陽によって地表があたためられて上昇気流が起こると，雲ができやすい。

　ウ　まわりより気圧の低いところでは下降気流が起こるので，雲ができにくい。

　エ　あたたかい空気と冷たい空気が接するところでは，雲ができにくい。

よくでる ⓮表は，気温と飽和水蒸気量の関係をまとめたものである。　〔島根県〕

気温[℃]	21	22	23	24	25
飽和水蒸気量[g/m³]	18.3	19.4	20.6	21.8	23.1

地表の気温は25℃，湿度は85％であった。地表の空気が上昇して雲ができ始めるとき，上昇した空気はおよそ何℃になっているか。表の気温から1つ選べ。

⓯図**Ⅳ**の空気**X**〜**Z**のうち，上昇したときに最も低い高さで雲ができるものを1つ選べ。〔青森県・改〕

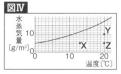

⓬**ア**…変化しない
　イ…小さくなる
　ウ…露点

解説

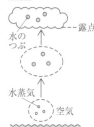

⓭**イ**

解説 雲のできやすい場所
①空気が上昇する山の斜面
②低気圧付近
③太陽による放射熱を受けやすいところ
④前線付近など

⓮**22℃**

解説 気温25℃，湿度85％の空気1m³に含まれる水蒸気は，23.1×$\frac{85}{100}$＝19.635[g]で，温度を下げていくと，約22℃のときに露点に達する。

⓯**Y**

解説 露点との温度差が最も小さいものは**Y**である。

気圧と風

❶気圧の単位「hPa」の読みをカタカナで書きなさい。　〔和歌山県〕

❷図Ⅰの天気図中の・印で示した点A〜Eのうち，1020hPaより気圧が高い地点をすべて選べ。　〔北海道〕

図Ⅰ
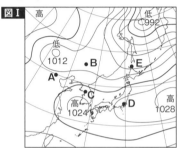

❸等圧線の間隔が［　　］ほど，風が強い。

〔福岡県・改〕

よくでる
❹低気圧の中心付近における，大気の移動方向を表したものとして，最も適当なものを次のア〜エから1つ選べ。ただし，⇒は上下方向，➡は水平方向の大気の動く向きを表すものとする。　〔青森県〕

ア 　　イ

ウ 　　エ

---

❶ヘクトパスカル

❷C，D

解説 等圧線の間隔は細線で4hPaごとに引かれる。太線では20hPaごとに引かれる。

ポイント
1hPa = 100Pa
1気圧 は 約1013hPa である。

❸狭い

解説 等圧線の間隔が狭いほど風は強く，広いほど弱い。

❹エ

解説 周囲より気圧の高いところを高気圧，低いところを低気圧という。
低気圧は中心に向かって反時計まわりに風が吹き込み，「上昇気流」が発生。
高気圧は中心から時計回りに風が吹いていき，「下降気流」が発生。

〔実験〕2つのプラスチック容器に，体積の等しい砂と水をそれぞれ入れ，日なたに10分間置いた後，**図Ⅱ**のように，2つの容器の間に火のついた線香を置いてから水槽をかぶせ，線香の煙の動きを観察した。

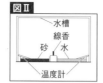

図Ⅱ

❺10分後，温度計が示す温度は，砂の方が高くなった。これは，砂の方が［　　　　］ためである。　　〔京都府・改〕

❻この実験で，線香の煙は容器の低いところではどちらからどちらの向きへ流れるか。次の**ア**，**イ**から1つ選べ。　〔大阪府・改〕
　ア　水から砂の向き
　イ　砂から水の向き

❼海岸で**図Ⅲ**の**A**，**B**のように吹く風をまとめて何とよぶか。

図Ⅲ

〔島根県〕

 よくでる
❽**図Ⅲ**について，晴れた日の昼と夜のそれぞれで，気温が高いのは陸上と海上のどちらか。また，風の向きは**A**，**B**のどちらか。正しい組み合わせを**ア**～**エ**から1つ選べ。

	ア	イ	ウ	エ
昼に気温が高い	海上	海上	陸上	陸上
夜に気温が高い	陸上	陸上	海上	海上
昼の風向	**A**	**B**	**A**	**B**
夜の風向	**B**	**A**	**B**	**A**

〔三重県〕

❺（水よりも）あたたまりやすい

解説 固体はあたたまりやすく冷めやすい。

❻**ア**

解説

砂　　　　水

❼海陸風

ポイント
陸風…図Ⅲの**A**の向きで，夜に起こる
海風…図Ⅲの**B**の向きで，昼に起こる

❽**エ**

解説 実験の砂が陸に，水が海に対応する。

❾ 次の文の**A～C**に当てはまる語の組み合わせとして正しいものを，下の**ア～エ**から1つ選べ。〔福岡県・改〕

> 大陸と海洋ではあたたまり方や冷え方がちがい，日射の強い夏では，〔 **A** 〕上の大気が〔 **B** 〕上の大気よりも気温が高くなり，気圧が〔 **C** 〕なるので，海洋から大陸に向かって風が吹く。

	ア	イ	ウ	エ
A	大陸	大陸	海洋	海洋
B	海洋	海洋	大陸	大陸
C	高く	低く	高く	低く

❿ 次の文の**A**，**B**に当てはまる語を，それぞれ1つずつ選べ。また，**C**に当てはまる語を答えよ。〔群馬県〕

> 陸は海よりも，**A**(**ア** 冷えやすい **イ** 冷えにくい)性質を持っているので，大陸の空気の密度が**B**(**ア** 小さく **イ** 大きく)なり，大陸に高気圧が発生する。この高気圧から気圧の低い海に向かって，風が吹く。このとき吹く風を，冬の〔 **C** 〕という。

よくでる ⓫ 中緯度帯の上空を1年中吹く風の名称。〔山口県〕

⓬ 問題⓫の風についての正しい説明を，次の**ア～オ**から1つ選べ。〔福島県〕

ア 北半球では西風，南半球では東風。
イ 北半球では東風，南半球では西風。
ウ 北半球，南半球ともに西風。
エ 北半球，南半球ともに東風。
オ 北半球，南半球とも季節による。

❾ イ

解説 前ページの実験の砂が大陸に，水が海洋に対応する。

❿ A…ア
B…イ
C…季節風

解説 夏の季節風→南東の弱い風
冬の季節風→北西の強い風

⓫ 偏西風

解説 この1年中吹く西→東の風により日本の天気は西→東に変わっていく。

⓬ ウ

11 【中3】

でる度 ★★★★

月の満ち欠けと日食・月食

よくでる **❶**惑星のまわりを回る天体の名称。 〔埼玉県〕

❷月が輝いて見えるのは，月が[**ア**]の光を[**イ**]しているからである。 〔長崎県・改〕

●**図Ⅰ**は地球と月との位置関係と，太陽の光の向きを表している。日本のある地点で，ある日の18：00くらいに，真南の空に上弦の月が見えた。

図Ⅰ

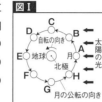

よくでる **❸**この日の月の位置を，**図Ⅰ**の**A**〜**H**から1つ選べ。 〔三重県〕

よくでる **❹**この日から3日後に，同じ時刻に月を観察した。このとき月が見える方角と，月の明るく見える部分の様子として適当な組み合わせを，次の**ア**〜**エ**から1つ選べ。 〔東京都〕

	方角	明るく見える部分
ア	真南より東側	上弦の月より広い
イ	真南より東側	上弦の月より狭い
ウ	真南より西側	上弦の月より広い
エ	真南より西側	上弦の月より狭い

❺この日から30日後の月は何とよばれるか。次の**ア**〜**オ**から最も適するものを1つ選べ。 〔佐賀県・改〕

ア 新月 **イ** 三日月 **ウ** 上弦の月
エ 満月 **オ** 下弦の月

❶衛星

解説 地球，火星，木星，土星，天王星，海王星には衛星が確認されている。

❷ア…太陽
イ…反射
解説 衛星は惑星と同じように自力で輝いていない。
ポイント
満月は日没直後の東の空に見え，真夜中に南中する。

❸C

❹ア
解説 月の南中時刻→1日で約50分ずつ遅れる。
この日から3日後はおおよそ**図Ⅰ**の**D**の位置に月がある。

❺ウ
解説 月の満ち欠けの周期は約29.5日。

生物
物理
化学
地学

❻ 次の文の［　　］に当てはまる語を，下のア～ウから1つ選べ。　〔長野県・改〕

> 月の形が1日ごとに変わって見えるのは，太陽と地球と月の位置関係が［　　　］のために変わるからである。

ア 月の自転　　**イ** 地球の自転
ウ 月の公転

❼ 月食と日食が起こるときの月の位置として最も適当なものを，**図Ⅰ**の**A**～**H**から1つずつ選べ。　〔静岡県〕

❽ 次の文の**X**，**Y**に当てはまる語句の組み合わせとして正しいものを，下のア～エから1つ選べ。　〔山形県〕

> 皆既月食は，［　**X**　］のとき，［　**Y**　］ことで起こる。

	X	Y
ア	新月	月が地球の影の中に入る
イ	新月	地球が月の影の中に入る
ウ	満月	月が地球の影の中に入る
エ	満月	地球が月の影の中に入る

❾ 太陽が**図Ⅱ**のように見える日食の名称。　〔長崎県〕

図Ⅱ

---

❻ウ

解説 月の公転周期と自転周期は約27.3日である（自転と公転の向きも同じ）。
↓
常に同じ面を地球に向けている。

❼月食…E
日食…A

解説 月食は満月の日に，日食は新月の日に起こる。

❽ウ

解説

日食は

月食は

❾金環日食

解説 地球から見た太陽が新月より大きなときで，重なったときに起こる（まれな現象）。

 入試で差がつくポイント

Q 太陽の直径を140万km，月の直径を3500km，皆既日食のときの地球から月の中心までの距離を38万kmとして，皆既日食のときの地球から太陽の中心までの距離を求めよ。地球から見た太陽の大きさは同じものとする。　〔北海道・改〕

A 1億5200万km

 皆既日食のとき，太陽の直径：月の直径＝地球から太陽の中心までの距離：地球から月の中心までの距離となる。求める距離をx(km) とおくと，$1400000 : 3500 = x : 380000$　これを解いて，$x = 152000000$(km)

圧力・大気圧

以下の問題で, 100gの物体にはたらく重力の大きさを1Nとする。

❶質量20kg, 底面積0.002m²の物体が, 床に加える圧力の大きさは何hPaか。

〔和歌山県・改〕

❷500gの直方体Xを床に置いたとき, 床が受ける圧力は1000Paであった。直方体Xの底面積を求めよ。

〔群馬県〕

〔実験〕図Ⅰのような直方体のレンガがあり, レンガの3つの面をそれぞれ面A, 面B, 面Cとする。このレンガをスポンジの上に置き, スポンジのへこみ方の違いを調べた。

図Ⅰ
20cm　10cm
A　6cm
C　B

よくでる ❸面Aを下にしてスポンジに置いたときの, レンガがスポンジをおす力をF_Aとする。同様に, 面Bを下にしたときをF_B, 面Cを下にしたときをF_Cとする。F_A, F_B, F_Cの関係を, 次のア~エから1つ選べ。　〔茨城県〕
ア $F_A < F_B < F_C$　　**イ** $F_A < F_C < F_B$
ウ $F_B < F_C < F_A$　　**エ** $F_A = F_B = F_C$

よくでる ❹面Aを下にしたときの圧力をP_A, 面Bを下にして置いたときの圧力をP_Bとしたとき, P_AとP_Bの関係を次のア~ウから1つ選べ。
ア $P_A > P_B$　　**イ** $P_A < P_B$　〔福島県〕
ウ $P_A = P_B$

---

❶**1000hPa**

ポイント
圧力＝力÷面積
[Pa][N]　[m²]

解説 20kgの物体にはたらく重力は200N。
$200[N] \div 0.002[m²]$
$= 100000[Pa]$

❷**50cm²**
(0.005m²)

解説 $5N \div 1000Pa =$
$0.005m² = 50cm²$

ポイント
$1m² = 10000cm²$

❸**エ**

解説 レンガがスポンジをおす力は, レンガにはたらく重力と等しいので, レンガの置き方を変えても変化しない。

❹**イ**

解説 圧力はレンガがスポンジとふれる面積に反比例する。
同じ力がかかっているとき, 力のかかる面積が小さいほど圧力は大きくなる。

生物
物理
化学
地学

❺地球を取り巻く空気の重さによって生じる
圧力の名称。 〔佐賀県〕

❻標高2400mの地点**A**で，空のペットボトル
にふたをした。このペットボトルを，ふた
をしたまま標高0mの地点**B**に運ぶと，ペ
ットボトルはどうなっているか。次の**ア**〜
ウから1つ選べ。 〔沖縄県・改〕
ア ふくらんでいる。 **イ** へこんでいる。
ウ 変わらない。

❼同じペットボトルを2つ用意し，**X**，**Y**とし
た。それぞれに空気をつめるためのバルブ
をつけて，**X**には空気をつめて，**Y**には空
気をつめずに，それぞれの質量をはかって
から，それぞれに入っている空気の体積を
はかった。次の表は，その結果を表してい
る。表の数値を用いて，1Lあたりの空気の
質量を求めよ。ただし，ペットボトル内の
温度と圧力はどちらも同じである。〔佐賀県〕

	装置の質量	装置内の空気の体積
X	45.21g	940mL
Y	44.75g	540mL

❽ある晴れの日に，地点**A**の気圧を測定した
ところ，1012hPaであった。数日後，地点
Aに台風が接近し，気圧は962hPaまで下
がった。このとき，大気が海面を垂直に押
す力の大きさは，大きくなったか，小さく
なったか。また，その力の大きさは，晴れ
の日と比べて，地点**A**の面1㎡あたり何N
変化したか。 〔岩手県〕

---

❺**大気圧**
解説 1気圧＝
約1013hPaである。

❻**イ**
解説 一般に標高が高
くなるほど大気圧は小
さくなる。

❼**1.15g**
解説 空気の体積の差
と質量の差を比べると，
空気400mL（0.4L）の質
量が0.46gとわかる。
0.46[g] ÷ 0.4[L]
＝1.15[g/L]

❽**小さくなった，
5000N**
解説 1Pa→1㎡あた
り押す力は1Nである。
気圧が低くなっている
ので，大気が海面を押
す力は小さくなる。ま
た，気圧の差は50hPa
＝5000Paなので，力の
大きさは，1㎡あたり
5000N小さくなった。

差がつく

思考力

152

気象観測，水の循環

生物　物理　化学　地学

よくでる ❶図Ⅰの天気図記号で表される，天気，風向，風力。　〔長崎県〕

図Ⅰ

❷軽いひもが**図Ⅱ**のようになびいているときの風向。　〔島根県〕

図Ⅱ

●表は，湿度表の一部を示したものである。

乾球の読み[℃]	乾球と湿球の示度の差[℃]					
	0.0	1.0	2.0	3.0	4.0	5.0
23	100	91	83	75	67	59
22	100	91	82	74	66	58
21	100	91	82	73	65	57
20	100	90	81	72	64	56
19	100	90	81	72	63	54
18	100	90	80	71	62	53

よくでる ❸乾湿計の2つの温度計が，それぞれ21℃と19℃を示しているときの湿度。　〔愛媛県〕

よくでる ❹気温が22℃，湿度が66%のときの，乾球温度計と湿球温度計の示度をそれぞれ答えよ。　〔兵庫県〕

❺乾湿計を用いた測定に適した条件を，次の**ア〜エ**から2つ選べ。　〔三重県・改〕

ア 地面付近の高さ
イ 地上約1.5mの高さ
ウ 風通しのよい日かげ
エ 風の通りにくい日かげ

---

❶天気…くもり
　風向…南西
　風力…2

解説

天気用図記号

○	①	◎	●	⊗
快晴	晴れ	くもり	雨	雪

雨量(mm) 0〜1 2〜8 9〜10

❷北北東

解説 風向は風が吹いてくる方位で表す。

乾湿計

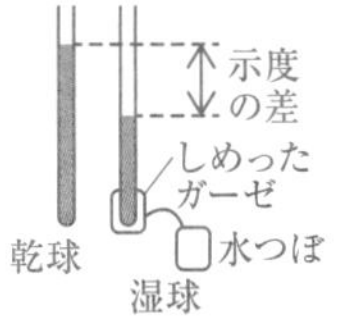

示度の差
しめったガーゼ
乾球　　水つぼ
　湿球

※乾球の示度は気温を表す。

❸82%

解説 示度の低いほうが湿球。

❹乾球温度計…22℃
　湿球温度計…18℃

❺イ，ウ

解説 気温を測る条件
①地上1.2〜1.5m
②風通しのよいところ
③直射日光の当たらないところ（日かげ）

153

●**図Ⅲ**は，ある日の午前11時から午後11時の気温，湿度，風向の変化を表したものである。この時間帯の平均気温は9.5℃であった。

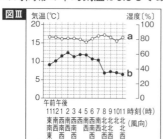

⑥**図Ⅲ**の**a**，**b**のうち，気温を表しているのはどちらか。　〔富山県〕

⑦寒冷前線がこの地点を通過した時間帯として最も適当なものを，次の**ア〜オ**から1つ選べ。　〔富山県〕

ア　午後2時〜3時　　**イ**　午後3時〜4時
ウ　午後6時〜7時　　**エ**　午後7時〜8時
オ　午後8時〜9時

| ポイント | 晴れの日は気温が上がると湿度は下がる（気温が最高になるのは14時ごろ）。これは気温が上がると飽和水蒸気量が大きくなるからである。 |

⑥b

| 解説 | 午後2時まで上がり続けているのは**b**。 |

⑦エ

| 解説 | 寒冷前線が通過すると気温は下がり，北寄りの風に変わる。 |

入試で差がつくポイント

Q **図Ⅳ**は台風の進路を表したものであり，○は，3時間ごとの台風の中心の位置を示している。気象観測の結果が表のようになる地点はどれか。**図Ⅳ**の**ア〜エ**から1つ選べ。　〔奈良県〕

―9月30日9時

月日	時刻 （時）	気温 （℃）	気圧 （hPa）	風向	風力	天気
9月 30日	9	18.9	1004	北東	3	◎
	12	20.1	1002	東北東	4	◎
	15	20.3	997	東北東	4	◎
	18	20.3	990	東北東	4	●
	21	21.1	982	東	5	●
	24	21.2	978	北	4	◎
10月 1日	3	21.3	989	南西	3	●
	6	22.2	995	西南西	5	◎
	9	21.8	999	南西	6	◎

A ウ

| 解説 | 気圧が最も低い9月30日の24時ごろに台風が最接近していて，このとき北風が吹いている。 |

●図Vは，ある場所で3時間ごとの気温と湿度を2日間記録したものである。

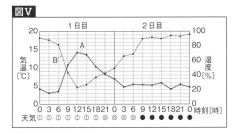

図V

ポイント 晴れの日は1日の最高気温と最低気温の差が大きい（日較差が大きい）。

❽A，Bはそれぞれ気温，湿度のどちらを表しているか。　〔茨城県・改〕

❽A…気温
B…湿度

❾空気中の水蒸気量が変化しないものとすると，1日目の気温と湿度が逆の関係にあるのは，気温の上昇によって飽和水蒸気量が[　ア　]なり，飽和水蒸気量に対する水蒸気量の割合が[　イ　]なるからである。

〔島根県・改〕

❾ア…大きく
イ…小さく
解説 晴れの日の空気中の水蒸気量の変化は少ない。

●図VIは水の循環を模式的に表したものである。　□□□は水の存在する場所，□□□は地球全体の降水量を100としたときの値である。

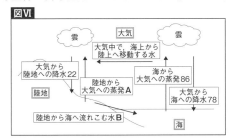

図VI

❿図VIのA，Bに当てはまる数値。　〔佐賀県〕

❿A…14
B…8
解説 陸や海に降る量＝出ていく量
78+22=A+86　A=14
陸に入ってくる量＝陸から出ていく量
22=A+B　B=8
┌水の循環─────
入ってくる量＝出ていく量

⓫水の循環をもたらすエネルギー源。〔長崎県〕

⓫太陽

火山噴出物と火山の形状

 ❶ 図Ⅰの**A〜C**の火山のうち，**A**の火山を形成したマグマの粘りけが，もっとも [**ア**]。また，**A**の火山が噴火した場合は，[**イ**] 噴火になることが多い。

図Ⅰ

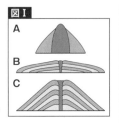

〔愛媛県・改〕

❷ 日本の上空では [　　] が吹いているので，日本の多くの火山では，噴出物が堆積した範囲は東寄りに広がっている。

〔栃木県・改〕

❸ 火山灰の層がかぎ層になるのは，火山灰が [**ア**] 範囲に，ほぼ [**イ**] に降り積もるからである。

〔宮城県・改〕

❶ア…強い
イ…激しい

解説 **A→C→B**につれて，火山を形成するマグマの粘りけは小さくなる。
Aの例：昭和新山，雲仙岳，有珠山
Bの例：富士山，桜島
Cの例：マウナロア，キラウエア，三原山

❷ 偏西風

解説 偏西風は1年中吹く西→東の風である。

❸ア…広い
イ…同時
　（同じ時期）

解説 火山灰の層は地質の年代を知る手がかりとなる。

入試で差がつくポイント

Q ある火山の周辺で火山灰を採取し，双眼実体顕微鏡で観察した。視野の中に見える鉱物の数は，有色鉱物が28個，無色鉱物が20個であった。**図Ⅱ**をもとにして，この火山灰が採集できる火山として最も適当なものを，次のア〜エから1つ選べ。　〔徳島県〕

　ア　平成新山（雲仙普賢岳）　イ　有珠山
　ウ　三原山（伊豆大島）　エ　桜島

図Ⅱ

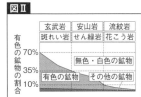

A ウ

解説 有色鉱物の割合は，28÷(20+28)＝0.58…より，約58%。つまり，玄武岩や斑れい岩のように，有色鉱物を多く含むことがわかる。選択肢の中で，火山灰に有色鉱物を多く含むのは，**図Ⅰ**の**B**のような形状の三原山。有色鉱物を多く含むものは，もとのマグマの粘り気が小さい。

太陽高度

〔実験〕北緯35°の地点で，春分の日の正午ごろ，**図Ⅰ**のような装置を使って，**図Ⅱ**のように水平面と光電池のパネル面のなす角を**a**とし，0°～90°まで10°ずつ変化させたときの電流計の値を記録して，光電池がつくる電流の大きさを調べた。ただし，実験を行ったときの天気は快晴であったとする。

図Ⅰ　電流計　光電池

図Ⅱ　光電池のパネル面
a
南　水平面　北

ポイント
発電量が天気に左右されるのは，太陽光発電の短所の一つ。

生物
物理
化学
地学

❶この地点の春分の日の太陽の南中高度は[**A**]°で，**a**を35°にすると，光電池のパネル面に対して[**B**]な方向から太陽光が当たるので，電流が最も大きくなる。
〔山口県〕

❶A…55
B…垂直

解説 $90° - 35° = 55°$
春分（秋分）の日の太陽の南中高度は，
$90° - 緯度$

思考力 ❷この実験を，同じ地点で夏至の日に行ったとき，電流を最も大きくするには，**a**を何度にすればよいか。地軸の傾きを23.4°とする。
〔長崎県〕

❷11.6°

解説 $90° - 35° + 23.4°$
$= 78.4°$（南中高度）
よって，
$90° - 78.4° = 11.6°$
夏至の日の南中高度は
$90° - 経度 + 23.4°$

入試で差がつくポイント

Q 太陽の南中高度が高いほど地表が温まりやすい理由を，問題❶をふまえて，同じ面積に受ける太陽の光の量（エネルギー）に着目して簡単に説明しなさい。
〔東京都〕

A 例：太陽の光の当たる角度が地面に対して垂直に近いほど，同じ面積に受ける太陽の光の量が多いから。

解説 緯度や季節によって気温が変わるのも，このため。

カバーデザイン	：	山之口正和（OKIKATA）
本文デザイン	：	斎藤充（クロロス）
編 集 協 力	：	株式会社群企画
校　　　　正	：	多々良拓也，エデュ・プラニング合同会社，株式会社鷗来堂
Ｄ　Ｔ　Ｐ	：	株式会社ニッタプリントサービス
図　　　　版	：	株式会社ニッタプリントサービス，株式会社アート工房

|監修| 佐川大三（さがわ だいぞう）

京都大学卒。リクルート運営のオンライン予備校「スタディサプリ　中学講座」にて，理科の授業を担当。楽しく教え，受講者のモチベーションを上げてくれると評判の指導者。関西地区では中学受験生，高校受験生，大学受験生に理科を指導する，理科教育のエキスパート。
監修書に『「カゲロウデイズ」で中学理科が面白いほどわかる本』『改訂版　ゼッタイわかる　中1理科』『改訂版　ゼッタイわかる　中2理科』『改訂版　ゼッタイわかる　中3理科』（以上，KADOKAWA）などがある。

高校入試　KEY POINT
入試問題で効率よく鍛える
一問一答　中学理科

2021年11月12日　初版発行

監　修　　佐川大三
発行者　　青柳昌行
発　行　　株式会社KADOKAWA
　　　　　〒102-8177　東京都千代田区富士見2-13-3
　　　　　電話0570-002-301（ナビダイヤル）

印刷所　　株式会社加藤文明社印刷所

©KADOKAWA CORPORATION 2021　Printed in Japan
ISBN 978-4-04-604392-4　C6040

ゼッタイわかる シリーズ

マンガ×会話で成績アップ！
自宅学習や学校・塾のプラス1にも

改訂版 ゼッタイわかる中1理科

監修：佐川大三, キャラクターデザイン：モゲラッタ, カバーイラスト：Lyon, 漫画：杜乃ミズ
ISBN：978-4-04-605010-6

改訂版 ゼッタイわかる中2理科

監修：佐川大三, キャラクターデザイン：モゲラッタ, カバーイラスト：やまかわ, 漫画：青井みと
ISBN：978-4-04-605016-8

改訂版 ゼッタイわかる中3理科

監修：佐川大三, キャラクターデザイン：モゲラッタ, カバーイラスト：しぐれうい, 漫画：尽
ISBN：978-4-04-605017-5

改訂版 ゼッタイわかる中学歴史

監修：伊藤賀一, キャラクターデザイン：モゲラッタ, カバーイラスト：夏生, 漫画：あさひまち
ISBN：978-4-04-605011-3

改訂版 ゼッタイわかる中学地理

監修：伊藤賀一, キャラクターデザイン：モゲラッタ, カバーイラスト：U35, 漫画：あさひまち
ISBN：978-4-04-605012-0

苦手な分野は，ゼッタイわかるシリーズで復習！

本書の監修と同じスタディサプリ講師が監修！

改訂版 ゼッタイわかる中1英語

監修：竹内健, キャラクターデザイン：モゲラッタ, カバーイラスト：ダンミル, 漫画：あさひまち, 出演：浦田わたる
ISBN：978-4-04-605008-3

改訂版 ゼッタイわかる中1数学

監修：山内恵介, キャラクターデザイン：モゲラッタ, カバーイラスト：はくり, 漫画：葛切ゆずる
ISBN：978-4-04-605009-0

英語・数学も好評発売中！